INHALTSVERZEICHNIS

EINLEITUNG

Diese Monografie ist hauptsächlich den Tarnanstrichen der deutschen Panzer und Militärfahrzeuge während des Zweiten Weltkrieges gewidmet. Trotzdem mehrere Jahrzehnte seit den Ereignissen des Zweiten Weltkrieges vergangen sind, weckt diese Zeit nach wie vor großes Interesse, besonders die Panzertechnik dieser Zeit.

Unter Tarnen oder „camouflage" - einem Wort mit französischem Ursprung – verstehen wir die Art das Kriegsmaterial so zu maskieren, dass der Feind Schwierigkeiten hat, es zu entdecken und zu identifizieren. Es geht folglich darum, das Erscheinungsbild von Menschen oder Objekten so zu verändern, dass ein nahezu unbemerktes Operieren vor dem Feinde im Gelände möglich wird. Dies kann auf verschiedenste Art und Weise erreicht werden: indem das zu tarnende Objekt unter Zweigen, Zeltplanen, Netzen und anderen Materialien versteckt wird, durch die Verwendung von Farbanstrichen mit unsymmetrischen Mustern oder auch mittels Staub, Schlamm, Steinen, Schnee, usw.

In diesem Heft werden die verwendeten Tarnfarben erläutert, es werden einige der Entwürfe, mit denen manche Kampfpanzer angestrichen wurden, analysiert und außerdem werden die Truppenkennzeichen der Hauptpanzereinheiten dargestellt. Zahlreiche Abbildungen und Profilzeichnungen bieten besonders dem Modellbauer wertvolle Hinweise und Anregungen.

Carlos de Diego Vaquerizo

Impressum

Herausgeber der deutschen Ausgabe:
Zeughaus Verlag GmbH
Knesebeckstr. 88
10623 Berlin

Tel: 030/315 700 30
Fax: 030/315 700 77

Email: info@zeughausverlag.de
www.zeughausverlag.de

Redaktion der deutschen Ausgabe:
Stefan Müller

Deutsche Übersetzung:
Cristina Saura Fischer

Korrekturen:
Oliver Koppehele
Thomas Hartwig

Produktionsleitung:
Rodrigo Hernández Cabos

Idee:
Rodrigo Hernández Cabos

Texte & Zeichnungen:
Carlos de Diego Vaquerizo
Rodrigo Hernández Cabos

Layout: KOMMAD S.L.

Druck:
Printed in European Union

Scannen & Herstellung:
ACCIÓN PRESS, S.A.
J. David Hernández Chacón

Herausgeber der Originalausgabe:
ACCIÓN PRESS, S.A.

Bibliografische Informationen der Deutschen Bibliothek

Die Deutsche Bibliothek verzeichnet diese Publikation in der Deutschen Nationalbibliografie; detaillierte bibliografische Daten sind im Internet über http://dnb.ddb.de abrufbar.

ISBN: 978-3-938447-69-7

TARNFARBEN 1935-1945

Dem französischen Beispiel folgend haben während des Ersten Weltkrieges die deutschen Militärs mehrere Tarnfarben benutzt, um Farbflächen so zu gestalten, dass die Silhouetten ihrer Panzerwagen, Transportfahrzeuge und Artillerieteile schwerer erkenntlich waren. Das farbrikneue Kriegsgerät wurde in zwei verschiedenen grau-grünen Farbtönen bereitgestellt, einem dunkleren und einem helleren. Bevor die Fahrzeuge an die Front geschickt wurden, erhielten sie für gewöhnlich einen braun-rötlichen, sandfarbenen oder dunkelgrünen Flecktarn-Anstrich. Die Flecken wurden zum Teil schwarz umrandet.

Wenige Jahre später, 1923, hat die Reichswehr die Anwendung eines Tarnungsschemas für die taktischen Fahrzeuge – damals besaß sie noch keine Panzerwagen – eingeführt, welche die Farben Erdgelb, Grün und Braun enthielt. Diese Farben konnten sowohl mit einer Spritzpistole wie auch mit einem Pinsel aufgetragen und in beiden Fällen schwarz umrandet werden. Dagegen mussten die nicht taktischen Fahrzeuge feldgrau bleiben. Anfangs ähnelten die Farben noch sehr den im Ersten Weltkrieg genutzten Tönen. Um die Farbgebung eindeutig zu definieren, wurde jeder Farbe gemäß einer Vorschrift vom 20. April 1933 eine Nummer laut dem Register 840 B2 vom RAL-Institut zugeordnet. RAL steht für *Reichsausschuß für Lieferbedingungen*. Dieses Institut kontrollierte die Qualität der von der Industrie verwendeten Farben. Die ersten exakt definierten RAL-Farbtöne zu jener Zeit waren: Feldgrau Nr. 3, Schwarz Nr. 4, Erdgelb Nr. 17, Braun Nr. 18 und Grün Nr. 28.

Nach der Wiederherstellung der deutschen Streitkräfte, welche ab 1935 in „Wehrmacht" umbenannt wurden, gab das Oberkommando des Heeres (OKH) am 12. Juli 1937 eine Vorschrift heraus, genannt „Heeresmemorandum (H.M.) 1937, Nr. 340". Diese regelte die Anwendung eines neuen Tarnmusters mit den Farben Dunkelgrau Nr. 46 und Dunkelbraun Nr. 45. Die erste Farbe sollte zwei Drittel der Fahrzeugoberfläche bedecken und die zweite das restliche Drittel. Diese letztgenannte Farbe sollte vorzugsweise in Wolkenform und mit einer Spritzpistole aufgetragen werden, damit die Ränder etwas verschwommen erschienen. Bei gepanzerten Fahrzeugen mit geschlossenem Verdeck, deren Innenraum mit Elfenbein Nr. 20 gestrichen war, mussten die Ausstiegsluken und Notausstiegsluken auf ihrer Innenseite mit Dunkelgrau gestrichen werden, damit sie beim Öffnen nicht auffielen.

Vermutlich aus ökonomischen Gründen war die große Mehrzahl der Panzerwagen, welche an dem Angriff auf Polen im September 1939 teilnahmen, nur mit Dunkelgrau gestrichen. Diese Vereinfachung wurde vom OKH bis zum 31. Juli 1940 inoffiziell geregelt, mittels der Instruktion H.M. 1937, Nr. 864. Die dunkelgraue Farbe war in Städten und Wälder einigermaßen wirkungsvoll, da sie es ermöglichte, die Wagen im Schatten von Gebäuden und Bäumen zu verbergen. Jedoch auf offenem Land erwies sie sich als untauglich. Infolgedessen wurden andere Alternativen gesucht.

Im Februar 1941 wurde das Farbregister gemäß RAL 840 R überprüft, welches vom oben genannten Institut und auf Anforderung der Wehrmacht ausgearbeitet worden war. Von den vorab erwähnten Farben verwandelte sich jetzt die Nr. 3 in Feldgrau RAL 6006, die Nr. 5 in Schwarz RAL 9005, die Nr. 17 in Erdgelb RAL 8002, die Nr. 18 in

1. 1940 wurden die meisten deutschen Panzer mit Dunkelgrau RAL 7021 angestrichen, wie dieser Pz. Kpfw. IV, Ausf. B zeigt, der zum Panzer-Regiment der 10. Panzer-Division. gehörte.

Braun RAL 8010, die Nr. 20 in Elfenbein RAL 2001, die Nr. 28 in Grün RAL 6007, die Nr. 45 in Dunkelbraun RAL 7017 und die Nr. 46 in Dunkelgrau RAL 7021. So kam es, dass die Luftwaffe, anstatt ihre Flugzeuge mit dem Dunkelgrau des Heeres zu streichen, eine ähnliche, aber etwas bläulichere und hellere Farbe, die Nr. 4, verwendete, die auf Blaugrau RAL 7017 umbenannt worden war.

PANZER ACES

Farbprofi

Tarnanstriche
und Erkennungszeichen
der deutschen Panzer
von 1935 bis 1945

ZEUGHAUS VERLAG GmbH

M1:35

2. Ein Tauchpanzer III vom 18. Panzer-Regiment, 18. Panzer-Division, durchquert den Fluss Bug während des Vormarsches in Richtung Osten im Sommer 1941.

Nachdem im Februar 1941 die ersten deutschen Truppen nach Nordafrika verlegt wurden waren, hat das OKH die Vorschrift H.M. 1941, Nr. 281, mit Datum vom 17. März 1941 herausgegeben. Sie bestimmte die Verwendung von zwei neuen Tarnfarben: Gelbbraun RAL 8000 und Graugrün RAL 7008. Diese Farben sollten jeweils 2/3 bzw. 1/3 der Oberfläche einnehmen, genauso wie im alten Tarnschema Dunkelgrau/Dunkelbraun. Die Ränder sollten wiederum verschwommen wirken.
Bis die Farbenlieferung eintraf, wurden die dunkelgrauen Fahrzeuge des Deutschen Afrikakorps (DAK) auf improvisierter Weise mit Schlamm oder auch in Einzelfällen mit

3. Modell Pz. Kpfw. III, Ausf. J der 23. Panzer-Division, 1942 in der russischen Steppe fotografiert. Die Tarnung besteht aus großen Flecken in der Farbe Dunkelbraun RAL 7017 (Vorkriegszeit) auf dem werksseitigen Dunkelgrau RAL 7021.

4. Von 1939 bis 1941 war die vorherrschende Farbe der deutschen Militärfahrzeuge Dunkelgrau 7021, gewöhnlich als "Panzergrau" bezeichnet. Auf dem obigen Foto kann man einen Kampfwagen Pz. Kpfw. III erkennen, dessen Fahrgestell so gut wie ganz mit Schlamm bedeckt ist, während das Dunkelgrau des Geschützturmes einen gefährlichen Kontrast zur Umgebung darstellt.

italienischen Farben getarnt. Als neuen Farben ausreichend zur Verfügung standen, hat man die Norm nicht mehr buchstäblich befolgt und viele Panzer wurden mit einer einzigen Farbe übermalt. Aus Materialmangel hat man aber auch manchmal Farben verwendete, welche dem Feind entzogen worden waren.

Auch auf dem europäischen Kriegsschauplatz wurden die amtlichen Vorgaben häufig nicht beachtet, dies war während des gesamten Krieges zu beobachten. Sowohl während der Feldzüge über den Balkan und nach Griechenland im April 1941 wie auch bei dem Unternehmen Barbarossa, dem Angriff auf die UdSSR in Juni des gleichen Jahres wurden häufig dunkelgraue Panzerwagen fotografiert, welche mit verschiedenen Vorkriegsfarben angestrichen waren, vor allem mit Dunkelbraun RAL 7017 und Grün RAL 6007.

An der Ostfront hatte das OKH mit großem Optimismus erwartet, die Sowjetunion noch vor Einbruch des Winters zu besiegen. Das OKH hatte zwar die Vorschrift M. H. 1941, Nr. 1128 erlassen, welche die Anwendung der Farbe Weiß RAL 9001 für die Wintertarnung regelte, diese aber bis zum 18. November, also einen Monat nach den ersten Schneefällen, nicht herausgegeben. Weil zudem die Farbenlieferung zu spät eintraf oder einfach auf der Strecke blieb, genauso wie es in Afrika geschehen war, musste an der Front wiederum improvisiert werden. In Wasser aufgelöster Kalk, Kreide und sogar Bettlaken wurden benutzt, um die Panzer zu tarnen.

Als der Frühling 1942 begann, wurde die Wintertarnung entfernt. Die wasserlösliche RAL 9001-Farbe ließ sich einfach mit Lauge oder Benzin abwaschen, ohne die darunterliegende dunkelgraue Farbenschicht zu beschädigen. In jenen Wochen war der Bedarf an einer neuen Tarnfarbe aufgrund der immer grüneren Natur zwingend notwendig. Um tarnende Flecken auf das Dunkelgrau zu malen, kamen vor allem Grün RAL 6007 - ein Farbton, der reichlich vorhanden war und der auch bis zum Kriegsende genutzt wurde - und Feldgrau RAL 6006 zum Einsatz. Andere bereits erwähnte Vorkriegsfarben wurden weiterhin verwendet.

Obwohl es diesbezüglich keine Vorschrift gab zeigen viele Farbfotos, die in den Jahren 1941 und 1942 aufgenommen wurden waren, verschiedene Kampfwagen, Geschütze, Selbstfahrlafetten und Kraftfahrzeuge, welche mit mittelhellen Grautönen angestrichen waren. Im offiziellen Farbinventar des Heeres waren mehrere Grautöne registriert, die von der Luftwaffe stammten, wie Marinegrau RAL 7002, Grau RAL 7003 und Hellgrau 7009. Der letztgenannte Grauton ist etwas dunkler als die ersten Beiden und diente als Grundierung von mechanischen Teilen im Fahrzeuginnern. Es ist auch denkbar, dass in mehreren Fällen mit diesen Farben die äußeren Oberflächen von Panzern und Fahrzeugen während des Herstellungsprozesses gestrichen wurden. Tatsache ist, dass bis zum Ende des Krieges weiterhin Panzerwagen in hellem Grauton gefertigt wurden, eine Farbe die in den Schwarz-Weiß-Fotos leicht mit dem universellen Dunkelgelb, von dem wir später noch reden werden, verwechselt werden kann.

Am 25. März 1942 trat eine neue Vorschrift für die Tarnung der für Nordafrika bestimmten Fahrzeuge in Kraft, die H. M. 1942, Nr. 315, welche die Anwendung zweier neuer Farben bestimmte: Braun RAL 8020 und Grau RAL 7017. Heller und passender für den Einsatz in der Wüste als die vorherigen. Auch diese Farben sollten wieder in unregelmäßigen Flecken, mit ungleichmäßigen Rändern und im Farbverhältnis 2/3 zu 1/3 aufgetragen werden. Selbstverständlich waren die neu hergestellten Panzer, die frisch aus der Fabrik kamen, entweder mit diesem Muster oder nur mit Braun gestrichen. An der Front nahmen dann die Panzerbesatzungen ihre Tarnanstriche vor.

Für die Aktion „Blau", jene Offensive, die zu Beginn des Sommers 1942 im südlichen Sektor der Ostfront stattfinden sollte, wurde ein Großteil des rollenden Materials mit der neuen „tropischen" Tarnung nach Russland geschickt, welche anfangs für das Afrikakorps bestimmt war. Es erwies

sich als tauglich für den Einsatz im Kaukasus. Auf mehreren dieser Fahrzeuge malten die Besatzungen Tarnflecken in anderen Farben, im allgemeinen Grün RAL 6007.
Im Juli 1942 gab das OKH eine neue Norm heraus, die H.M. 1942, Nr. 600. In ihr wurden die Anstriche für den Einsatz auf Kreta geregelt. In dieser Norm wurden die gleichen Tarnschemata wie für Einsatz in Nordafrika festgelegt.
Spätestens ab Hebst 1942 war an der Ostfront eine eher chaotische Anwendung von Tarnanstrichen anzutreffen. Es gab Panzer in dunkelgrauer Farbe, einige mit Wüstenmuster und andere mit Flecken verschiedenster Farbtöne. Es war klar, dass es einer Regelung bedurfte, die sich an die Anforderungen der Kommandanten der Kampfeinheiten orientierte. Das OKH nahm eine solche Regelung in Angriff. Inzwischen hatte es während der Winter von 1941 bis 1943 keine ernsthaften Probleme mit der Bereitstellung der Farbe Weiß RAL 9001 gegeben. Die Kampfeinheiten erhielten ausreichende Mengen, um ihre Technik und Fahrzeuge zu tarnen. Ab Januar 1942 wurden die Panzer mit der Wintertarnung sogar direkt aus der Fabrik an die Front geliefert.
Am 18. Februar 1943 hat das OKH schließlich die Vorschrift H.M. 1943, Nr.181, veröffentlicht, in der die Anwendung der neuen Standardfarbe Dunkelgelb geregelt wurde, die für alle Fronten geeignet sein sollte. Vermutlich wurde ihr erst im April 1943 eine RAL-Nummer zugewiesen, als sie als Dunkelgelb RAL 7028 registriert wurde. Die neuen Fahrzeuge wurden nun mit dieser Farbe ausgeliefert und an alle Fronten geschickt. Dort wurden sie wieder mit dem vorhandenen Farbmaterial komplett neu angestrichen oder erhielten einen Tarnanstrich.

5. Seit 1941 wurden viel hellere Grautöne als das klassische Dunkelgrau benutzt. Die Farbe von diesem Pz. Kpfw. IV Ausf. F, von der 23. Panzer-Division scheint Grau RAL 7003 zu sein, auf der Flecken in Grün RAL 6007 aufgetragen wurden.

6. Dieses Foto wurde Mitte 1942 aufgenommen. Es ist interessant zu sehen, dass die meisten Fahrzeuge in Dunkelgrau RAL 7021 angestrichen wurden, während der Kübelwagen – zweifellos dem Afrikakorps zugehörig – die Grundfarbe Braun RAL 8020 hat.

Gleichzeitig regelte die erwähnte Norm die Anwendung von zwei Ergänzungsfarben, die den Einheiten geliefert werden sollten. Nach den Vorgaben des Kommandanten vor Ort und gemäß den Geländeeigenschaften sollten damit Tarnflecken auf das Dunkelgelb gestrichen werden. Diese Töne waren Rotbraun RAL 8017 und jenes Olivengrün, welches von der Luftwaffe für die Tarnung ihrer Erdanlagen verwendet wurde. Zwei Monate später wurde diese Farbe als Olivgrün RAL 6003 registriert. Sie wurden als Pasten geliefert, verpackt in Dosen von jeweils 20 kg oder 2 Kg.. Die Farben wurden mit Wasser oder Benzin verdünnt und mit einem Malerpinsel oder vorzugsweise mit einer Spritzpistole aufgetragen. Aufgrund dieser Anwendungsmethode war die Mustervielfalt enorm, sogar unter den Panzerwagen einer gleichen Einheit. Abhängig vom Verdünnungsgrad der Paste und davon, ob nur als eine dünne Schicht oder in mehreren Schichten mit der Pistole oder deckender mit dem Pinsel aufgetragen wurde, war der entstehende Farbton erheblich unterschiedlich. Der Farbton RAL 6003 wechselte von hellem Olivgrün bis zu sehr dunklem Grün, während die Farbe RAL 8017 von Heller Kastanie bis Dunkle Schokolade variierte.

Wieder gab es Lieferengpässe aufgrund mangelnder Rohstoffe für die Farbherstellung. Die Pasten konnten nicht gleichmäßig an alle Einheiten geliefert werden. Demzufolge mussten viele neue Panzer mit dem vorhandenen Grün RAL 6007 oder mit Schlamm getarnt werden, um den starken Kontrast, den die Farbe Dunkelgelb in Bezug auf die Landschaft bildete, zu mildern.

Ab Oktober 1943 wurden etliche Panzerwagen mit einer Tarnschicht Weiß RAL 9002 auf der dunkelgelben Grundfarbe ausgeliefert. Die RAL-Farbe 9002 war etwas grauer im Vergleich zum vorherigen Weiß RAL 9001. Sie wurde in ausreichender Menge an die Einheiten ausgeteilt, um mit ihr die eingesetzten Fahrzeuge anstreichen zu können.

Mit Beginn des Frühlings 1944 wurde die weiße Farbe wieder abgebeizt und die Panzer wiesen wieder die Standardtarnung des vorherigen Jahres auf. Aus Mangel an vorschriftsmäßigem Material kamen in vielen Fällen als sekundäre Farben auch das Grün RAL 6007 oder die Grundierfarbe Rostschutz Rot RAL 8012 (Rotbraun) zum Einsatz. Und trotzdem war die Anzahl der Fahrzeuge, welche nur mit Dunkelgelb gestrichen waren, sehr hoch. Oft blieb nur der Einsatz von Zweigen als einziges Tarnmittel übrig.

Da außerdem die Benzinknappheit dazu zwang, die Farbpasten – so sie vorhanden waren - mit Wasser zu verdünnen, waren diese Tarnungen nicht von langer Dauer. Dazu kam, dass die Einheiten an der Frontlinie, ständig vom Feind angegriffen wurden und so kaum über ausreichende Zeit verfügten, um ihre Fahrzeuge zu tarnen. Aus diesem Grund hat das Heereswaffenamt den Herstellern befohlen, ab August 1944 alle fertigen Panzerwagen mit Tarnanstrichen auszuliefern. Es wurden drei Grundmuster für die verschiedenen Jahreszeiten festgelegt:

Im ersten Muster, welches für Frühling und Sommer entworfen worden war, herrschten die dunklen Töne vor. Es bestand aus einem Basisanstrich mit der Farbe RAL 6003, darauf große Flecken in RAL 8017 und feine Linien in RAL 7028.

Das zweite Muster war für den Sommer und Herbst bestimmt und wurde später als *„Hinterhalt"* getauft. Es bestand aus großen Flecken in Olivgrün RAL 6003 und Rotbraun RAL 8017. Diese wurden auf die Grundfarbe Dunkelgelb RAL 7028 so aufgetragen, dass ungefähr jede Farbe 1/3 der Fahrzeugoberfläche in Anspruch nahm. Die Struktur der Flecken sollte außerdem durch das Auftupfen der angrenzenden Farben aufgelöst werden.

Das dritte und letzte Muster war das klassische Winterschema. Es bestand aus einer Grundschicht Weiß RAL 9002, die das Fahrzeug komplett bedecken sollte. Aber es wurde auch das Aufmalen von zusätzlichen Flecken in anderen Farben erlaubt.

Ab Herbst 1944 wurden erste Panzer ab Werk mit dem Tarnmuster *„Hinterhalt"* ausgeliefert. Um Farbe zu sparen, wurden in vielen Fällen die vorgeschriebenen Farbtupfen nicht aufgetragen oder gar die Flecken in den Farben Dunkelgelb bzw. Olivgrün direkt über die Rostschutzfarbe Rot RAL 8012 verstrichen. Zur gleichen Zeit verließen auch einige Exemplare mit der Frühling-Sommer-Tarnung das Montageband. Aber die andauernde Knappheit an Rohmaterialien für die Farbenherstellung erschwerte die Normanwendung, und viele Panzer wurden nur mit dunkelgelbem Anstrich an die Front geschickt. Die ersten Schneefälle hatten sowieso zur Folge, dass in aller Eile das Winterschema eingesetzt werden musste.

Am 2. Januar 1945 trat eine weitere neue Vorschrift in Kraft, die H.M. 1945, Nr. 52, welche die Anwendung der Farbe Olivgrün als Grundton und den Gebrauch von Rotbraun und Dunkelgelb als Nebenfarben festlegte. Um das Erkennen der Fahrzeuge durch die feindliche Luftwaffe zu erschweren, sollte die Tarnung nicht auf den waagerechten Oberflächen aufgetragen werden. Sowohl das extreme Fehlen an Rohmaterialien, wie auch das durch die massive Bombardierungen provozierte Chaos, erschwerten die Erfüllung dieser Vorschrift. Außerdem war es üblich, dass von der Einführung einer Vorschrift bis zu deren Umsetzung einige Zeit verging, weil normalerweise zuerst die vorhandenen Farbenreserven aufgebraucht wurden. Diese Tatsachen bewirkten, dass viele Panzer weiterhin nur mit einem dunkelgelben Anstrich oder mit direkt auf der Grundierungsfarbe Rot RAL 8012 aufgetragen Flecken in einer der genannten Farbtöne die Fabriken verließen. In diesem Zeitabschnitt des Krieges wurde auch häufig

7. Im Jahre 1942 wurden die ersten Versuche unternommen, verschiedene Farben auf den deutschen Panzern zu kombinieren. In diesem Fall wurden auf das Dunkelgrau RAL 7021 hellere Flecken in Gelbbraun RAL 8000 aufgetragen, eine Farbe die auch bei den Fahrzeugen des Afrikakorps zum Einsatz kam.

die Farbe Dunkelgelb mit Weiß gestreckt, um somit die Lagerbestände zu schonen. Als Folge wurde das Gelb heller. In den letzten Jahren des Krieges nahm die Zahl der unvorschriftsmäßigen Tarnanstriche extrem zu. Es wurden Farben verschiedenen Ursprungs und ungleicher Farbtöne angewendet, besonders traf dies für Grün zu. Es wurde auch auf die Reserven an alten Farben zurückgegriffen, unter denen das Dunkelgrau RAL 7021 und manche helleren Grautöne besonders oft verwendet wurden. Um ein Tarnmuster anzudeuten, wurden der Grundfarbe die Farben Weiß RAL 9002 und gelegentlich sogar Schwarz 9005 für die Flecken beigemischt.

Zusammenfassend kann gesagt werden, während des Krieges gab es eine enorme Vielfalt von Tarnmustern, in denen verschiedene Farben kombiniert wurden, zum Teil gemäß den Vorschriften und oft nach Verfügbarkeit von Material und Zeit.

RAL-Farbregister 840 R

Farbreproduktionen

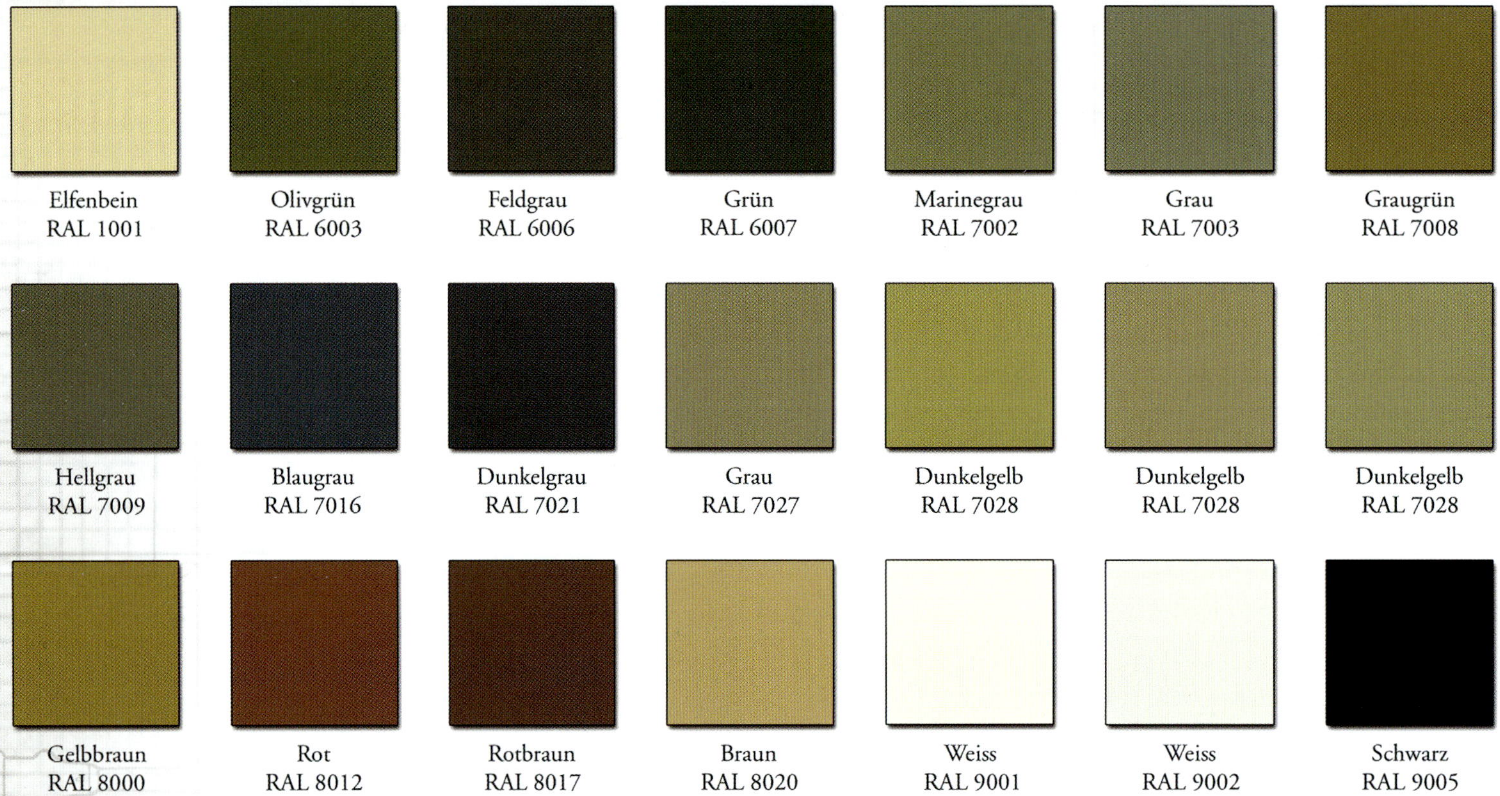

Schwarz-Weiß-Reproduktionen

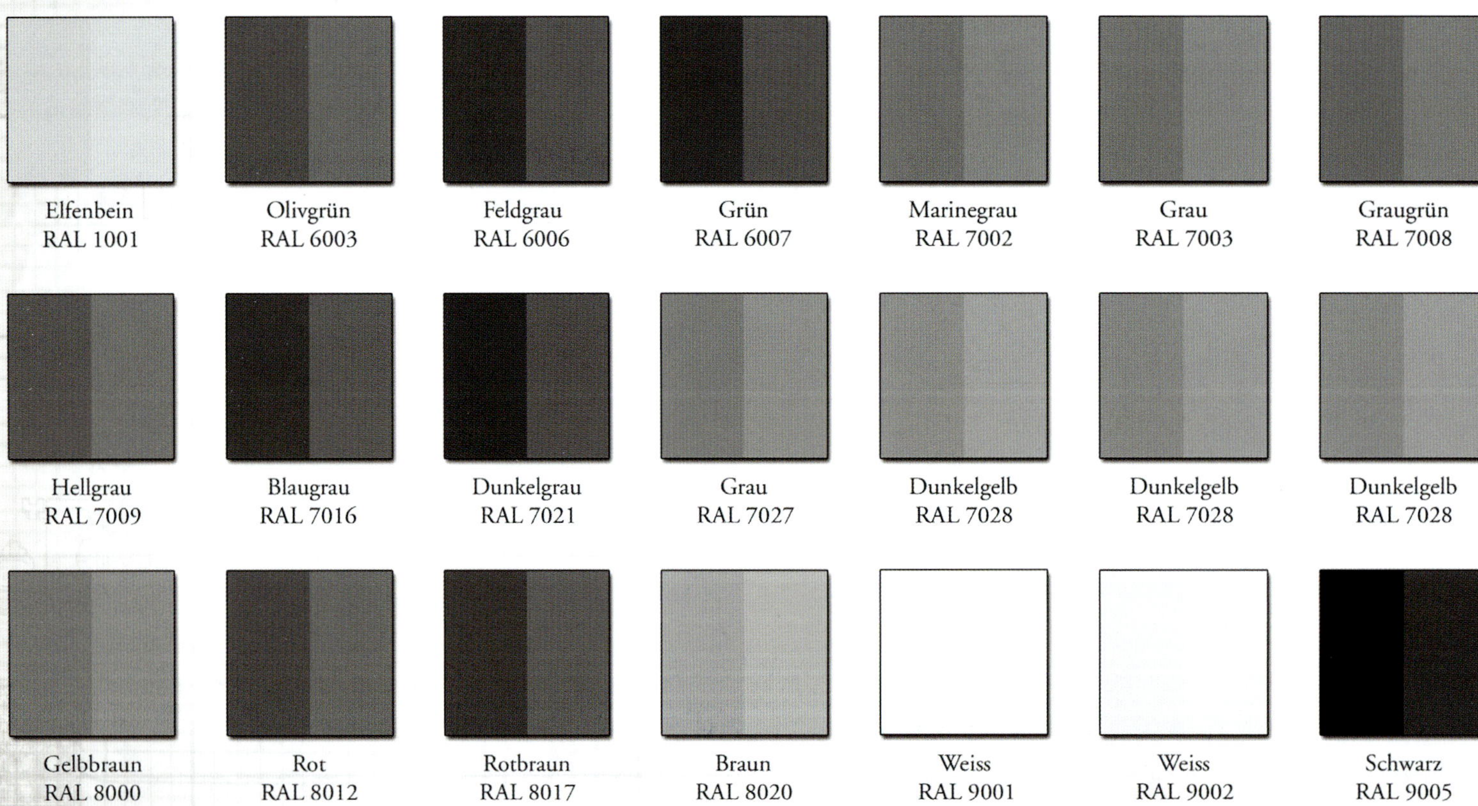

Farbreproduktion

Die Farbreproduktionen orientieren sich an den Farbmustern, die das Register RAL 840 R vorgab. Selbstverständlich gab es immer wieder feine Nuancen zwischen den verschiedenen Farbchargen, allein aufgrund der unvermeidlichen Variationen in den Prozentsätzen der chemischen Bestandteile. Dies war besonders bei der Farbe Dunkelgelb auffällig. Farbliche Abweichungen von der Norm nahmen besonders in den letzten Kriegsmonaten deutlich zu, als der Mangel an Rohstoffen immer mehr zunahm.

Die Farbmuster stellen die unterschiedlichen Farbtöne dar, in denen die farbrikneuen Fahrzeuge glänzen sollten. Jedoch dürfen die verschiedenen Faktoren, die zur Abänderung der Farbtöne führten, nicht vergessen werden. Die Farbe wurde während der Einsätze immer heller, besonders in geographischen Gebieten mit extremen klimatischen Bedingungen. Sowohl durch die Einwirkungen der Witterung, das Rosten der Farbpigmente und das „Durchschlagen" der Grundierung konnten sich die ursprünglichen Farben stark verändern. Natürlich änderten sich die ursprünglichen Farbanstriche auch durch die Kämpfe, durch den Einfluss des Geländes und die Instandhaltungsarbeiten an der Front. Diese Einflüsse, kombiniert mit dem unterschiedlichsten Lichtverhältnissen, interagieren auf so extreme Weise miteinander, dass sie das Aussehen eines Panzers in dem Moment, in dem er fotografiert wird, sehr verändern können.

Um Irritationen vorzubeugen, darf nicht unerwähnt bleiben, dass viele der im Zweiten Weltkrieg angewendeten Farben heute noch in dem RAL-Verzeichnis enthalten sind. Jedoch haben sich ihre Bezeichnungen geändert.

Die Ursache für die Umbenennung ist, dass sich die heutigen Bezeichnungen viel näher am Farbton orientieren. Mit Ausnahme der Farbe Olivgrün RAL 6003, deren Name unverändert blieb, wurden alle anderen in dieser Publikation genannten Farben wie folgt umbenannt:

Beige RAL 1001
Grauoliv RAL 6006
Flaschengrün RAL 6007
Olivgrau RAL 7002
Moosgrau RAL 7003
Khakigrau RAL 7008
Grüngrau RAL 7009
Anthrazitgrau RAL 7016
Schwarzgrau RAL 7021
Rotbraun RAL 8012
Schokoladenbraun RAL 8017
Cremeweiß RAL 9001
Grauweiß RAL 9002

Schwarz-Weiß-Reproduktion

Die farbliche Interpretation von schwarz-weiß-Fotos erfolgt unter Berücksichtigung des verwendeten Filmmaterials, welches zu jener Zeit verwendet wurde. Diese panchromatischen Filme konnten die unterschiedlichen Farbtöne des sichtbaren Farbspektrums wiedergeben. Diese Filme zeichnen sich auch heute noch durch eine tonwertrichtige Wiedergabe der Farben aus. Jedes Farbfeld ist in zwei Flächen halbiert. Die linke Hälfte entspricht der reinen Farbe. Die rechte Hälfte entspricht der um 15% aufgehellten Grundfarbe. Diese Farbe dürfte annähernd dem Farbton eines im Einsatz befindlichen Panzers entsprechen.

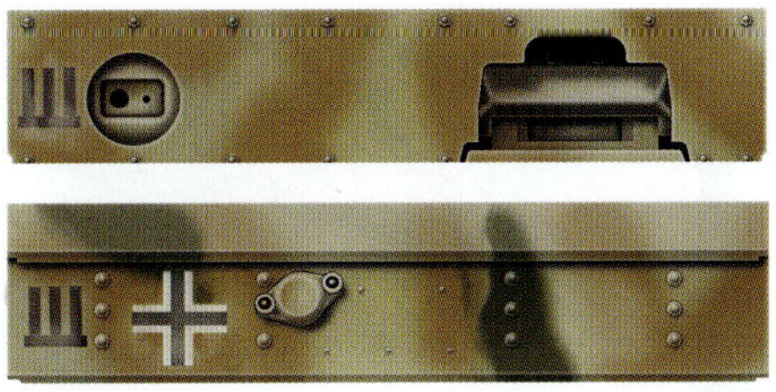

Pz. Kpfw. III Ausf. M (Sd.Kfz. 141/1), 11. Panzer Division, Kursk, Juli 1943. Tarnanstrich bestehend aus den drei Farben der neuen Vorschrift von 1943. Basisanstrich ist Dunkelgelb RAL 7028, die Flecken bestehen aus Rotbraun RAL 8017 und Olivgrün RAL 6003.

1943, kurz vor der Schlacht bei Kursk, begann man das dreifarbige Tarnschema anzuwenden, welches bis 1945 in Gebrauch sein sollte. Es basiert auf Dunkelgelb RAL 7028, Olivgrün RAL 6003 und Rotbraun RAL 8017. Die beiden obigen Fahrzeuge sollen verdeutlichen, wie eine schwarz-weiß-Aufnahme in Farbe umgesetzt werden kann. Sichtbar ist, dass die grünen Flächen immer etwas dunkler als die restlich sind.

Ein weiteres Beispiel für ein dreifarbiges Tarnmuster. In diesem Fall überlappen sich die Farben teilweise. Aber es lässt sich auch eindeutig erkennen, dass das Rotbraun heller als das Olivgrün erscheint. Dies ist natürlich nur eine Möglichkeit der Interpretation, da viel von der Intensität der Farbtöne anhängt. Auf alle Fälle ist dies ein gutes Beispiel dafür, wie man auf schwarz-weiß Fotos Farben erkennen kann.

Pz. Kpfw. I

1.- Pz. Kpfw. I Ausf. A (Sd. Kfz. 101), Panzer-Regiment 1, 1. Panzer-Division, Bückeburg, Weimar, Deutschland, November 1935.
Vorkriegsfarben: Erdgelb Nr. 17, Braun Nr. 18 und Grün Nr. 28.

2- Pz. Kpfw. I Ausf. A (Sd. Kfz. 101), Panzer-Regiment 5, 3. Panzer-Division, Berlin, Deutschland, März 1938.
Vorkriegsfarben: Dunkelgrau Nr. 46 und Dunkelbraun Nr. 45.

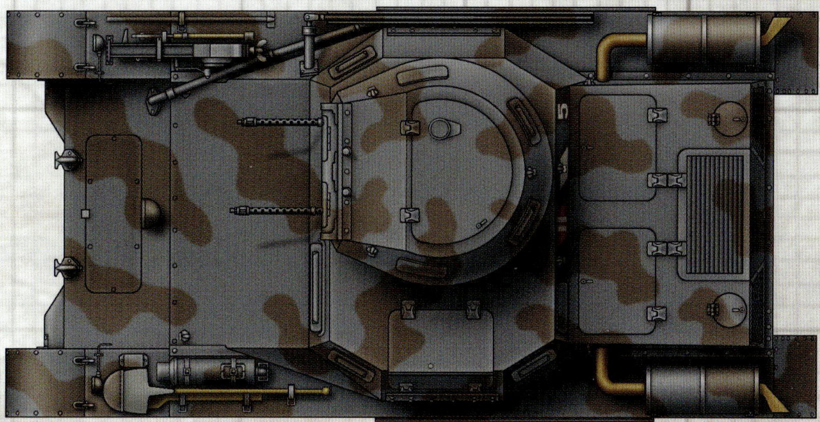

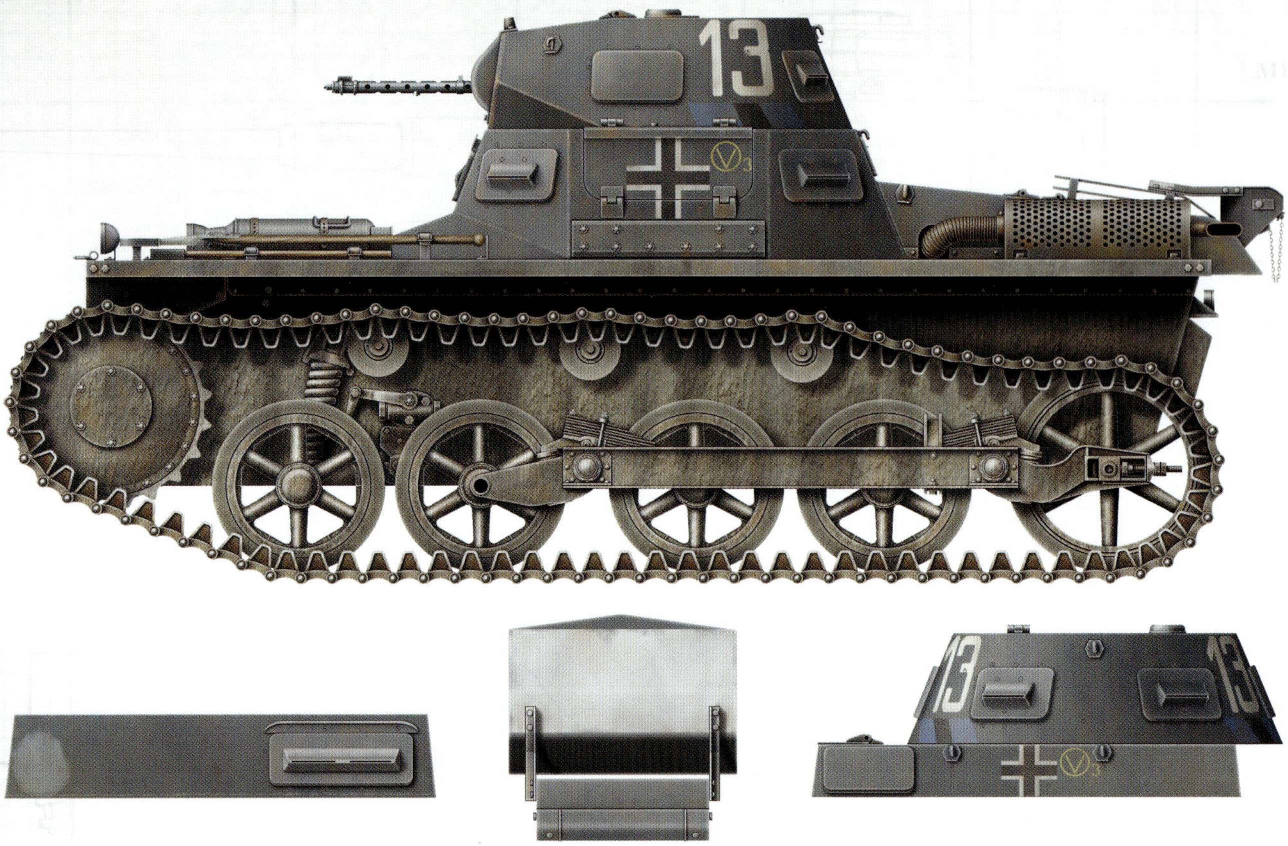

3- Pz. Kpfw. I Ausf. A (Sd. Kfz. 101), Panzer-Abteilung z. b. V. 40, Norwegen, April 1940.
Farbe: Dunkelgrau RAL 7021.

4- Pz. Kpfw. I Ausf. A (Sd. Kfz. 101), Panzer-Regiment 5,
21.Panzer-Division,
nähere Umgebung von Sidi Omar, Lybisch-ägyptische Front,
September 1938.
Farben: Gelbbraun RAL 8000, Dunkelgrau RAL 7021.

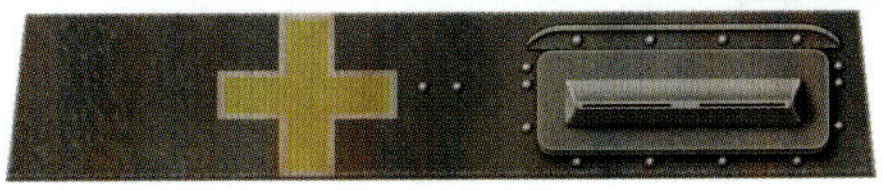

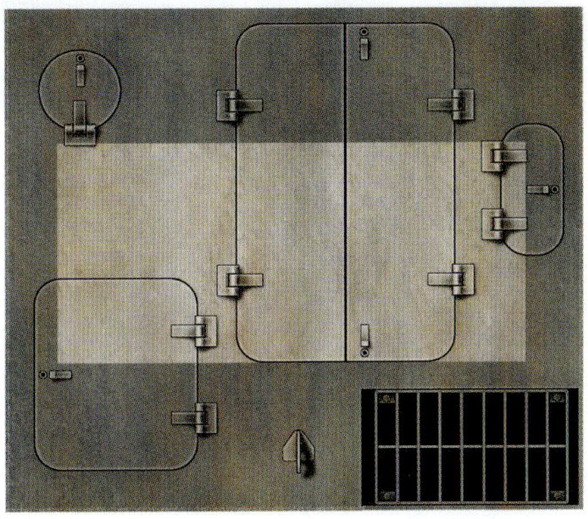

5- Pz. Kpfw. I Ausf. B
(Sd. Kfz. 101),
5. Panzer-Division, Pszczyna,
Polen, September 1939.
Farbe: Dunkelgrau RAL 7021.

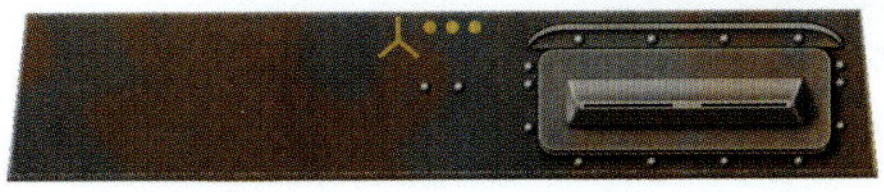

6- Pz. Kpfw. I Ausf. B
(Sd. Kfz. 101),
Panzer-Regiment 25,
7. Panzer-Division, Holland,
Mai 1940.
Vorkriegsfarben: Dunkelgrau Nr. 46
und Dunkelbraun Nr. 45.

Pz. Kpfw. I Ausf. B

7- Pz. Kpfw. I Ausf. B (Sd. Kfz. 101), 4. Panzer-Division, Warschau, Polen, September 1939.
Vorkriegsfarben: Dunkelgrau Nr. 46 und Dunkelbraun Nr. 45.

8- Pz. Kpfw. I Ausf. B (Sd. Kfz. 101), Panzer-Regiment 5, 5. Division, El Aghelia, Libyen, März 1941.
Italienische Farben: Dunkelgrau RAL 7021, Giallo Sabbia (Sandgelb) und Grigio Verde (Graugrün).

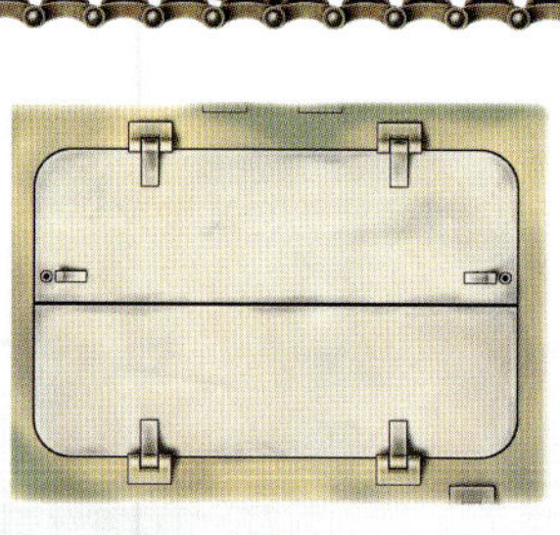

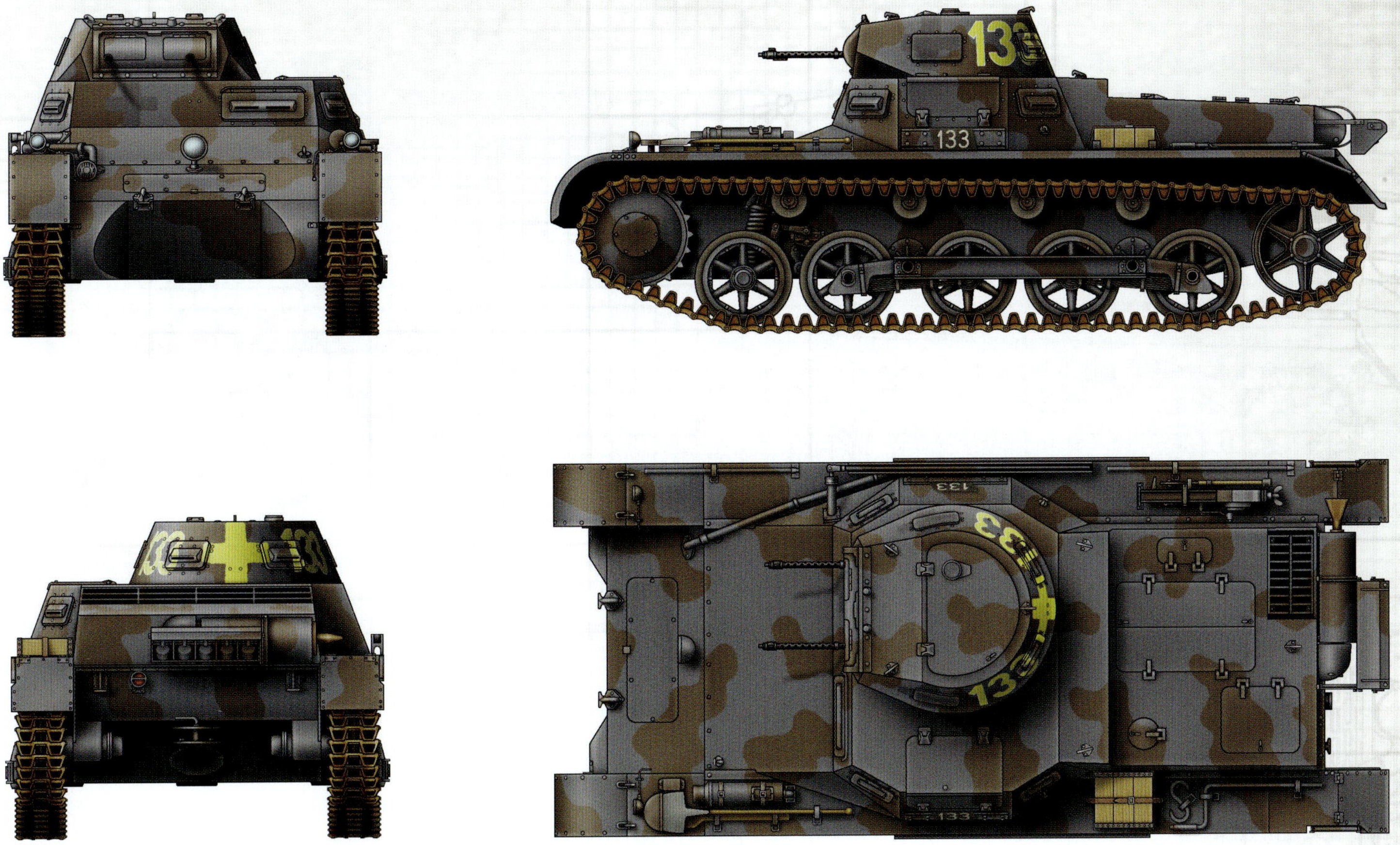
133

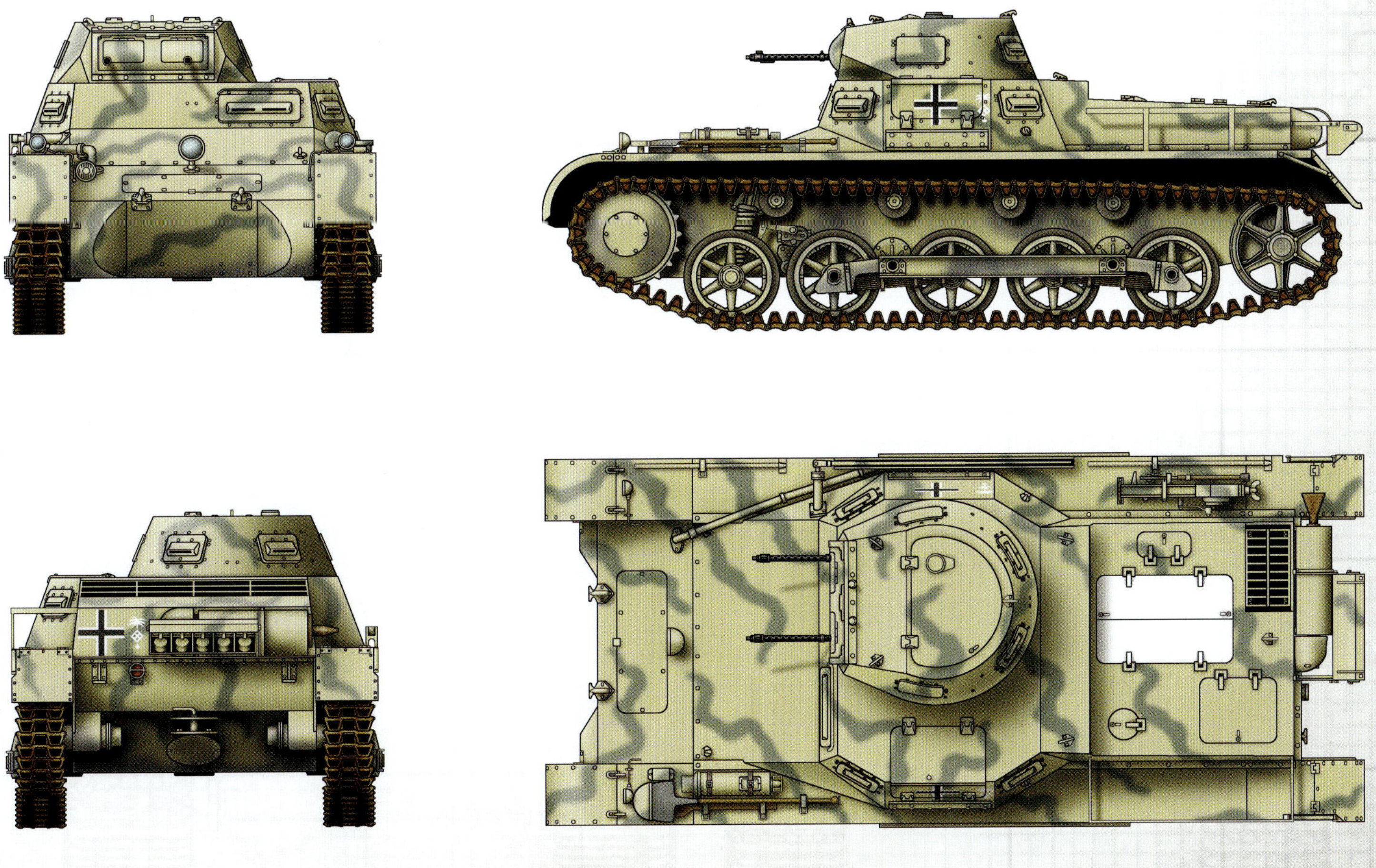

1- Pz. Kpfw. I Ausf. A (Sd. Kfz. 101), Panzer-Regiment 1, 1. Panzer-Division, Bückeburg, Weimar, Deutschland, November 1935.

Im März 1935 hat das nationalsozialistische Regime die kleine Reichswehr aufgelöst und die Wehrmacht gegründet. Im Oktober desselben Jahres wurden die ersten drei Panzerdivisionen gebildet. Vorerst wurden die Panzer weiterhin mit den Farben Erdgelb Nr. 17, Braun Nr. 18 und Grün Nr. 28 angestrichen und es bestand kein einheitliches System der taktischen Erkennungszeichen, denn scheinbar verfügte jedes Panzerregiment über ihr eigenes Zeichen. Unter dem Profil werden drei Varianten gezeigt. Die weißen Dreiecke könnten die 1. Kompanie kennzeichnen, während jedes der schwarzen inneren Motive einem Zug entsprechen würde.

2- Pz. Kpfw. I Ausf. A (Sd. Kfz. 101), Panzer-Regiment 5, 3. Panzer-Division, Berlin, Deutschland, März 1938.

Das aus den Farben Dunkelgrau Nr. 46 und Dunkelbraun Nr. 45 gebildete Farbschema wurde 1937 eingeführt. Zu dieser Zeit wurden noch keine nationalen Kennzeichen benutzt und die taktischen Kennzeichen wurden im Allgemeinen nur auf der Rückseite angebracht. Auf der linken Detailzeichnung ist ein Rhombus, genannt „Panzerraute" zu erkennen, die schematische Darstellung eines Panzers: in weißer Farbe und mit einem senkrechten Strich „I", was 1. Abteilung bedeutet. Die rechte Zeichnung zeigt eine rote Raute mit einer „II", für die II. Abteilung. Jede Kompanie wiederum wurde durch die Farbe eines weiteren, kleineren Rhombus identifiziert, welches rechts neben dem vorherigen angebracht war: 1. Kompanie Weiß, 2. Kompanie Rot, 3. Kompanie Gelb und 4. Kompanie Blau. Den Panzern des Stabs hatte man die Farbe Grün zugeordnet. Auf der linken Rückansicht des Turmes befindet sich noch eine alte dreieckige, teilweise gelöschte Marke.

3- Pz. Kpfw. I Ausf. A (Sd. Kfz. 101), Panzer-Abteilung z. b. V. 40, Norwegen, April 1940.

Anfang März 1940 wurde die „Panzerabteilung zur besonderen Verwendung 40" gegründet, abgekürzt Pz. Abt. z. b. V. 40. Sie diente zur Unterstützung der Operation „Weserübung", der Okkupation von Dänemark und Norwegen. Die Einheit bestand aus drei leichten Panzerkompanien, mit je drei Abteilungen. Das Kennzeichen des Bataillons war ein in einem Kreis geschriebenes „V", neben dem die Nummer der Kompanie gemalt wurde, die in diesem Fall die dritte ist. Die weißen Zahlen an den Turmseiten weisen darauf hin, dass dieser Panzer der dritte der ersten Abteilung ist. Die Bedeutung der Rauten die sich darunter befinden, ist nicht ganz klar. Auf die Motorraumabdeckung ist ein weißes Rechteck zur Lufterkennung gemalt.

4- Pz. Kpfw. I Ausf. A (Sd. Kfz. 101), Panzer-Regiment 5, 21. Panzer-Division, nähere Umgebung von Sidi Omar, Lybisch-ägyptische Front, März 1938.

Als im August 1941 die 5. Leichte Division zur 21. Panzerdivision herauf gestuft wurde, übernahm man auch als Kennzeichen der Division ein in der Mitte von einem horizontalen Strich durchquertes „D". Dieser Buchstabe ist neben der Palme des DAK (Deutsches Afrika Korps) gemalt, auf der rechten Seite der vorderen Fahrersichtluke und auf der Vorder- und Rückseite des Rumpfes. Der Buchstabe „R" auf den Turmseiten kennzeichnet diesen Panzer I als einen Führungspanzer des Regimentes. Die Farbe Gelbbraun RAL 8000 bedeckt fast vollständig die ursprüngliche werksseitige dunkelgraue Farbe.

5- Pz. Kpfw. I Ausf. B (Sd. Kfz. 101), 5. Panzer-Division, Pszczyna, Polen, September 1939.

Während des polnischen Feldzuges verfügten nur wenige Panzerformationen über spezifische Truppenkennzeichen, wie die 5. Pz. Div.. Deren Kampfwagen unterschieden sich darin, dass sie gelbe Rhomben trugen. Es gab eine Variante dieser geometrischen Figur, die von oben bis unten in der Mitte von einem schwarzen Streifen durchquert wurde, wie es in der Abbildung zu sehen ist. Dies diente möglicherweise dazu, das Panzer-Regiment 15 von dem Panzer-Regiment 31 zu unterscheiden. Einige Monate später wurden diese Marken nicht mehr benutzt. Zu jener Zeit wurden auf die Motorhauben einiger Panzer weiße Rechtecke mit einer Größe von 1,00 x 0,50 m gemalt, um die Koordinierung mit der Luftwaffe während des Vormarsches zu erleichtern.

6- Pz. Kpfw. I Ausf. B (Sd. Kfz. 101), Panzer-Regiment 25, 7. Panzer-Division, Holland, Mai 1940.

1940 gab es eigentlich nur sehr wenige Panzer mit dunkelbraunen Tarnflecken auf der dunkelgrauen Grundfarbe. Für den Westfeldzug wurde jeder Panzerdivision ein eigenes Truppenkennzeichen zugewiesen, und außerdem wurde ein wenig sichtbares Kreuz mit schwarzem Zentrum übernommen, das jetzt nur noch an den Seiten und an der Rückseite des Rumpfes gezeichnet wurde. Der Gebrauch von Luftkennzeichen war noch verbreitet; allerdings wurden während dieser Phase des Blitzkrieges grellgelbe Planen benutzt. Anscheinend hatte während des Polenfeldzuges der Staub die weißen Rechtecke so stark verschmutzt, dass die Flieger diese von oben nicht mehr erkennen konnten.

7- Pz. Kpfw. I Ausf. B (Sd. Kfz. 101), 4. Panzer-Division, Warschau, Polen, September 1939.

Im August 1939 übernahm die Wehrmacht das Balkenkreuz als Nationalemblem für seine Panzer. Der Ursprung des Zeichens geht bis auf den germanischen Kavallerieorden des Mittelalters zurück. Das Zeichen wurde schon von den Großmächten im Ersten Weltkrieg verwendet. Auf allen vier Seiten des Fahrzeuges wurden die Kreuze weiß gemalt, damit sie auf dem Dunkelgrau der Panzerplatte sichtbar waren. Während des Polenfeldzuges ließ sich feststellen, dass sie viel zu auffällig waren und dementsprechend das Feuer der feindlichen Artillerie auf sich lenkten. Um das Problem zu lösen, musste der Kontrast verringert werden. Deshalb wurden sie gelb oder dunkelgrau übermalt oder mit Schlamm bedeckt. Die großen Nummern auf den Turmseiten dieses Panzers I, auch gelb übermalt, von rechts nach links gelesen, identifizieren ihn als den dritten Panzer der dritten Abteilung der ersten Kompanie. In diesem

Kriegsabschnitt verfügte jede Panzerdivision über zwei Panzerregimenter. Im Fall der 4. Pz. Div. waren dies das Panzer-Regiment 35 und das Panzer-Regiment 36.

8- Pz. Kpfw. I Ausf. B (Sd. Kfz. 101), Panzer-Regiment 5, 5. Division, El Aghelia, Libyen, März 1941.

Im Februar 1941 begannen die ersten Streitkräfte dieser Leichtdivision auf Tripolis zu landen. Ihren Panzer waren in der Farbe Dunkelgrau gestrichen. Da die „tropische" Farbe eine längere Zeit brauchte um geliefert zu werden, wurden viele von ihnen mit Schlamm vor Ort getarnt, andere Fahrzeuge wurden mit italienischen Farben übermalt, wie den Tönen Giallo Sabbia (sandgelb) und Grigio Verde (graugrün). Diese Einheit hatte kein spezifisches Truppenkennzeichen. Daher sind als einzige Kennzeichen die Palmen des DAK, die deutschen Nationalkreuze und die Tafeln für die Lufterkennung zu sehen.

Pz. Kpfw. I Ausf. A (Sd.Kfz. 101), Panzergruppe Drohne, 2. Kompanie, Casa de Campo, Madrid, November 1936.

Das von Deuschland den Rebellen ausgelieferte Kriegsmaterial war mit den reglamentarischen Farben des Herres zwischen 1921 und 1937 getarnt: Erdgelb Nr. 17, Braun Nr. 18 und Grün Nr. 28. Das Erkennungszeichen der Panzergruppe, ein mit einem Hakenkreuz gekrönter Totenkopf, wurde an der rechten Seite des Fahrergucklochs gemalt. Jede Kompanie wurde durch ein Rhomboid identifiziert, in roter Farbe für die 1. Kompanie und gelb für die 2. Als die 3. Kompanie gebildet wurde, wies man ihr die weiße Farbe zu.

Kl. Pz. Bef. Wg. (Sd. Kfz. 265), Panzer-Regiment 5, 21. Panzer-Division, Gambur, Libyen, November 1941.

Italienische Farben: Dunkelgrau RAL 7021, Grigio Verde (Graugrün).

Pz. Kpfw. II

9- Pz. Kpfw. II Ausf. F (Sd. Kfz. 121), Panzer-Regiment 201, 23. Panzer-Division, Nordkaukasus, UdSSR, Januar 1943.
Farben: Dunkelbraun RAL 7017, Dunkelgrau RAL 7021.

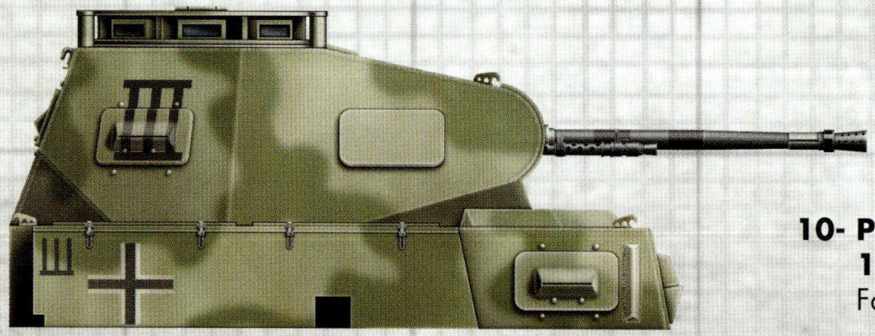

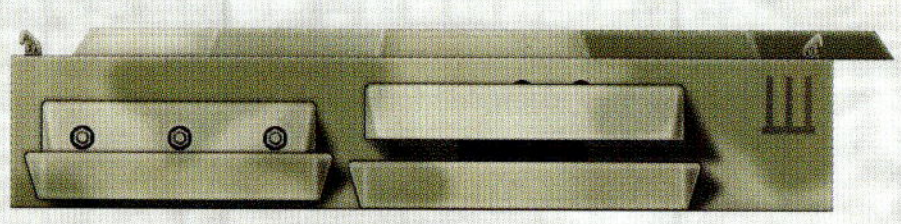

10- Pz. Kpfw. II Ausf. F (Sd. Kfz. 121), Panzer-Regiment 15, 11. Panzer-Division, Kursk, UdSSR, Juli 1943.
Farben: Dunkelgelb RAL 7028, Olivgrün RAL 6003.

RL3
RL3
RL3
RL3
RL3

III

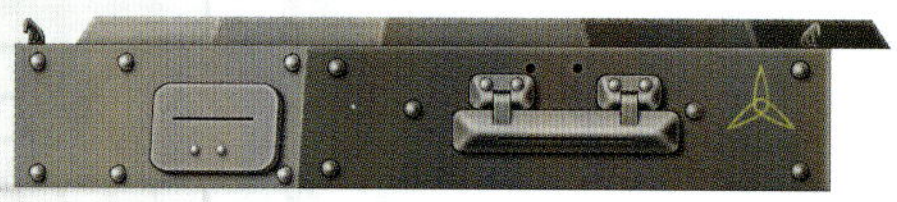

11- Pz. Kpfw. II Ausf. C (Sd. Kfz. 121), 4. Panzer-Division, Polen, September 1939.
Farbe: Dunkelgrau RAL 7021.

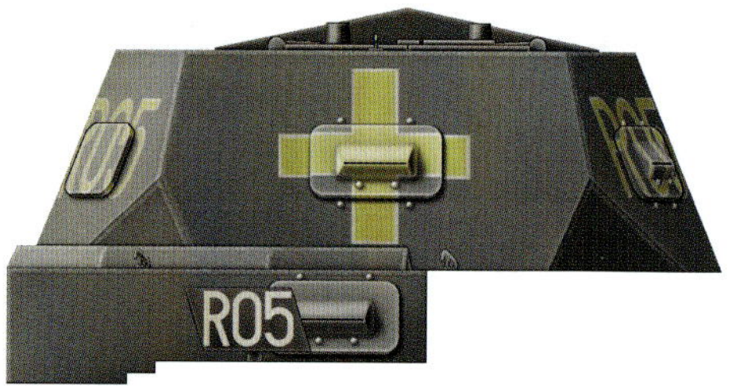

12- Pz. Kpfw. II Ausf. C (Sd. Kfz. 121), Panzer-Regiment 25, 7. Panzer-Division, Frankreich, November 1940.
Farbe: Dunkelgrau RAL 7021.

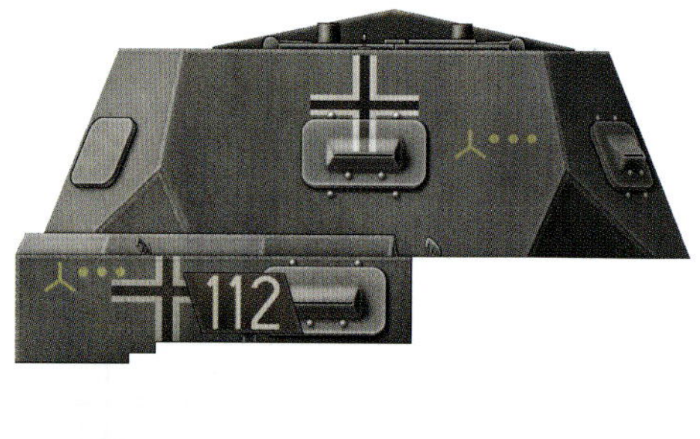

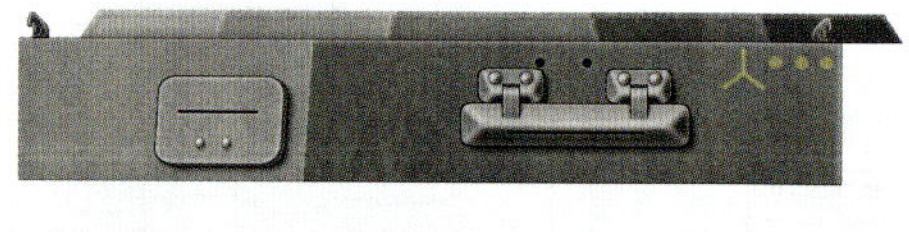

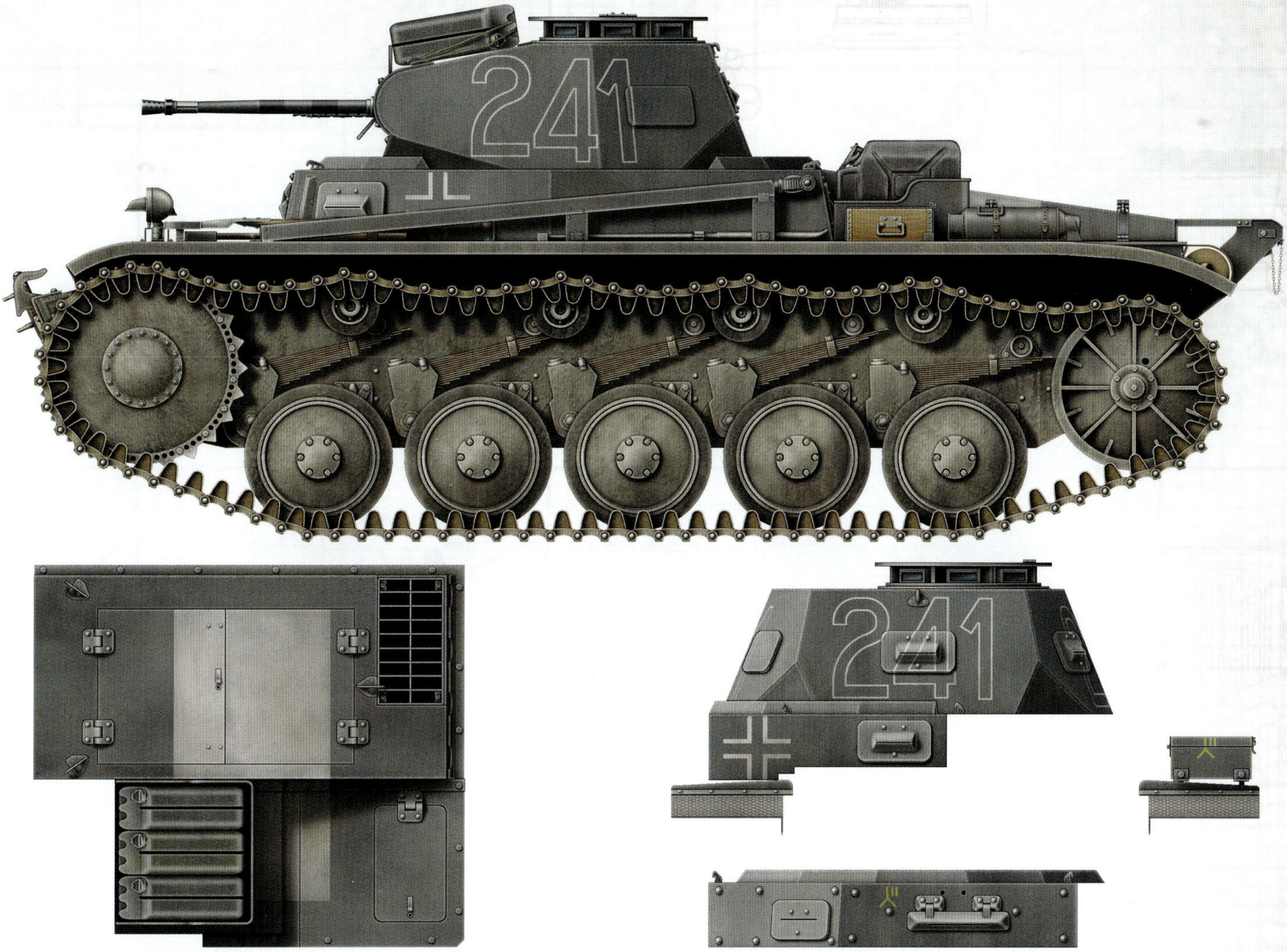

13- Pz. Kpfw. II Ausf. C (Sd. Kfz. 121), Panzer-Regiment 5, 5. Division, Tripolis, Libyen, Februar 1941.
Farbe: Dunkelgrau RAL 7021.

14- Pz. Kpfw. II Ausf. C (Sd. Kfz. 121), Panzer-Regiment 5, 5. Division Agedabia, Libyen, April 1941.
Farbe: Dunkelgrau RAL 7021, lokaler Schlamm.

15- Pz. Kpfw. II Ausf. C (Sd. Kfz. 121), Panzer-Regiment 8, 15. Panzer-Division, Bardia, Libyen, November 1941.
Farben: Dunkelgrau RAL 7021, Gelbbraun RAL 8000.

16- Pz. Kpfw. II Ausf. C (Sd. Kfz. 121), Panzer-Regiment 3, 2. Panzer-Division, Mittlerer Abschnitt der Ostfront, UdSSR, November 1941.
Farbe: Dunkelgrau RAL 7021.

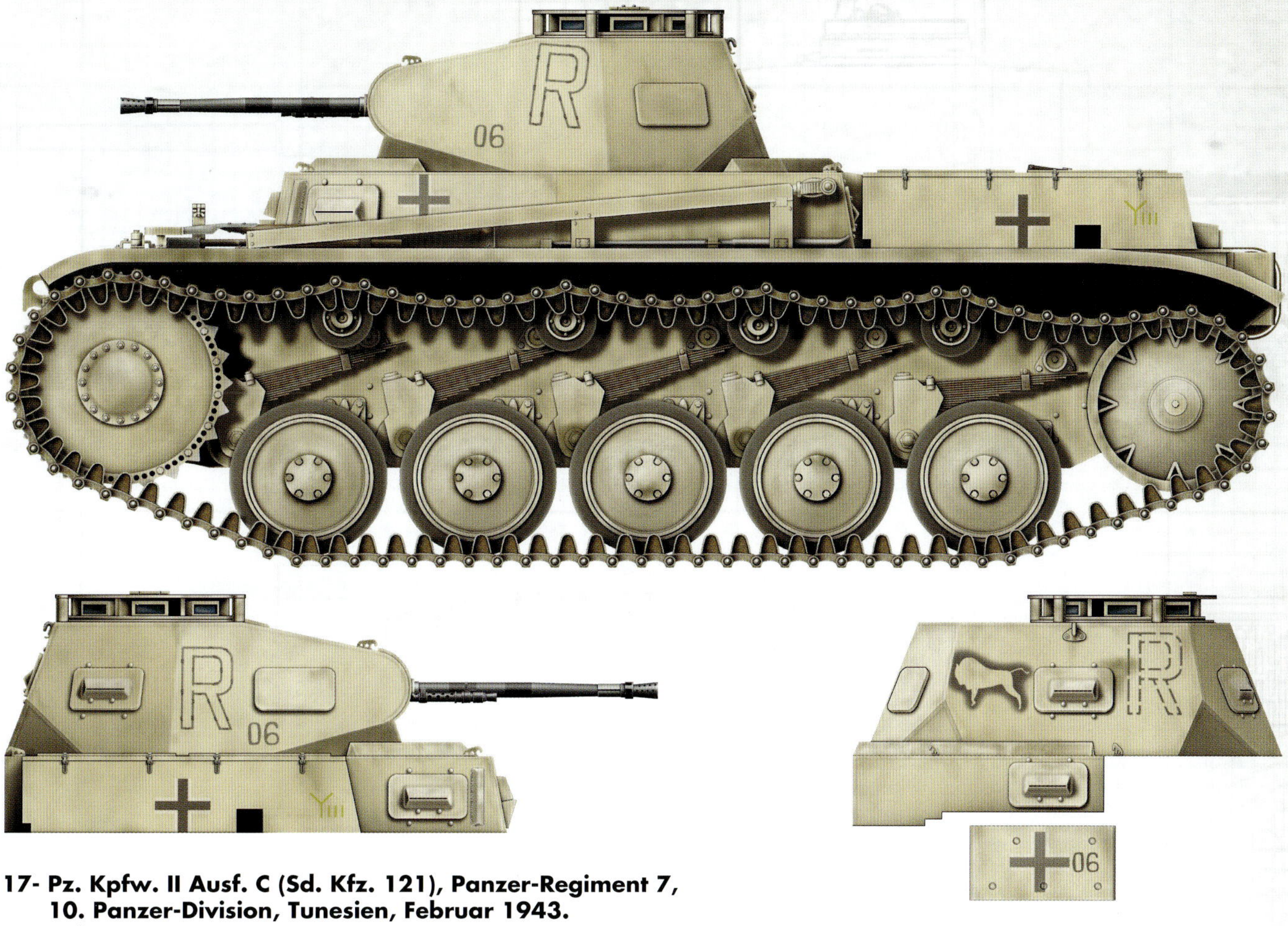

17- Pz. Kpfw. II Ausf. C (Sd. Kfz. 121), Panzer-Regiment 7, 10. Panzer-Division, Tunesien, Februar 1943.
Farbe: Braun RAL 8020.

18- Pz. Kpfw. II Ausf. C (Sd. Kfz. 121), nicht identifizierte Einheit, Kursk, UdSSR, Juli 1943.
Farben: Dunkelgrau RAL 7021, Dunkelgelb RAL 7028.

Pz. Kpfw. II

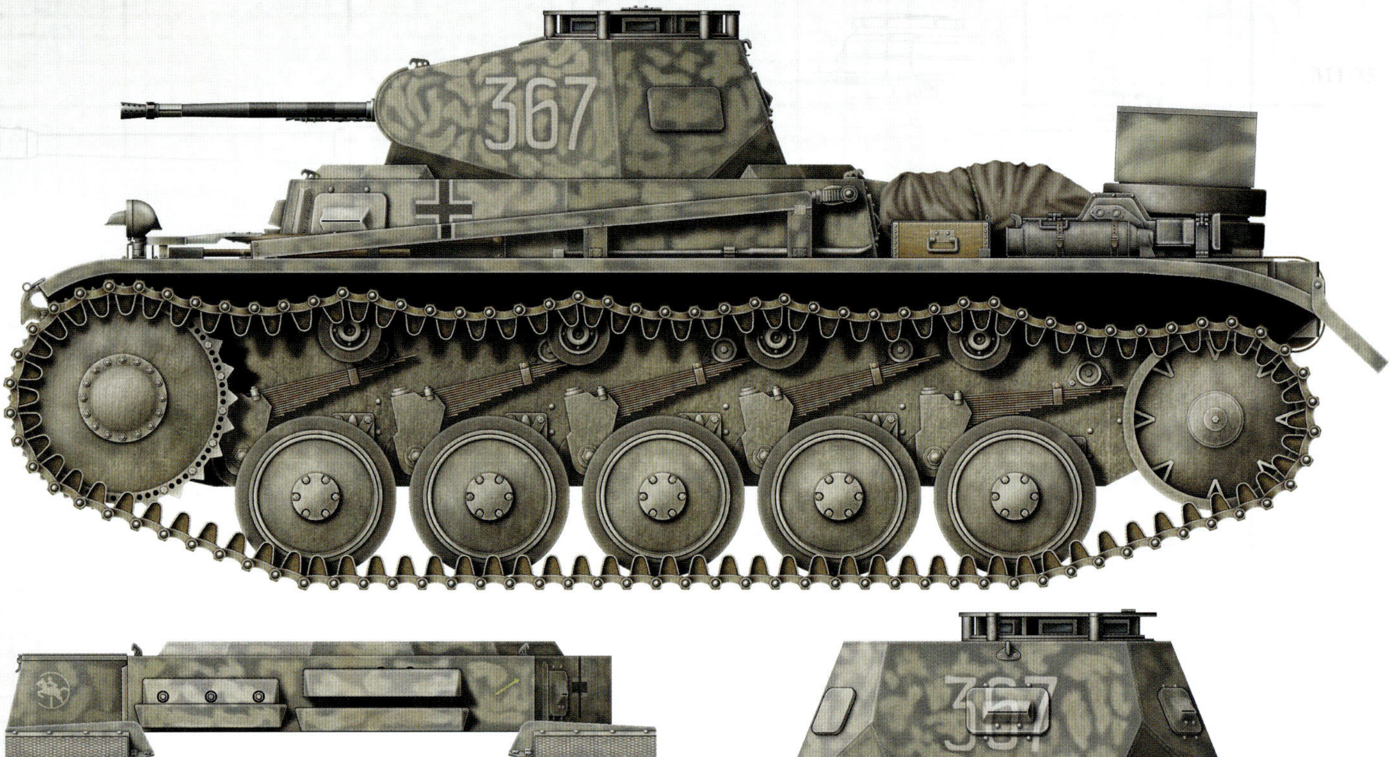

19- Pz. Kpfw. II Ausf. C (Sd. Kfz. 121), Panzer-Regiment 24, 24. Panzer-Division, Abschnitt Don, UdSSR, November 1942.
Farbe: Dunkelgrau RAL 7021, lokaler Schlamm.

20- Pz. Kpfw. II Ausf. C (Sd. Kfz. 121), SS-Panzer-Regiment 1, SS-Panzergrenadier-Division „LSSAH", Charkow, UdSSR, Februar 1943.
Farben: Dunkelgrau RAL 7021, Weiß RAL 9001.

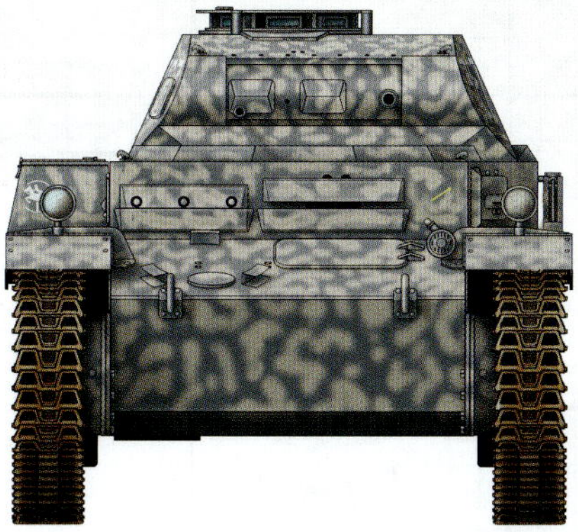

367

367

367

558

558

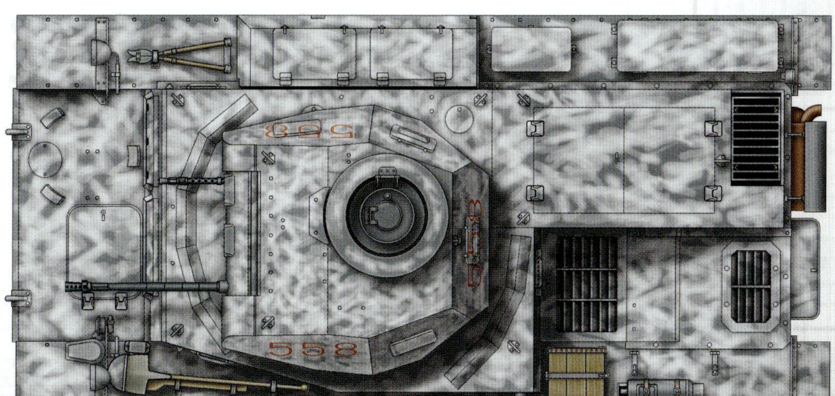
558

9- Pz. Kpfw. II Ausf. F (Sd. Kfz. 121), Panzer-Regiment 201, 23. Panzer-Division, Nordkaukasus, UdSSR, Januar 1943.

Neben dem offiziellen Zeichen dieser Division (gelber Pfeil mit der Spitze nach rechts gerichtet, das hintere Ende von einer kleinen Linie durchkreuzt) ist auch das inoffizielle zu erkennen, ein weißer Eiffel-Turm. Damit sollte der Gründung dieser Einheit in Frankreich 1941 gedacht werden. Der Buchstabe „L" des Codes „RL3" an den Turmseiten - nicht mit „RO3" zu verwechseln - entspricht dem Wort „Leicht", was darauf hinzuweisen scheint, dass es sich um den dritten Panzer der Erkundungsgruppe handelt, die dem Stabsregiment zugewiesen war. Die Besatzung hat Tarnungsflecken mit einer Spritzpistole und dunkelbrauner Farbe RAL 7017 über die Grundfarbe Dunkelgrau RAL 7021 gesprüht.

10- Pz. Kpfw. II Ausf. F (Sd. Kfz. 121), Panzer-Regiment 15, 11. Panzer-Division, Kursk, UdSSR, Juli 1943.

Kurz vor der Operation Zitadelle, dem Angriff auf Kursk im Juli 1943, wurden die Zeichen aller Divisionen des Heeres und der Waffen-SS, die an der Offensive teilnehmen sollten, durch andere ersetzt. Damit sollte der Feind desorientiert werden. Diese vorübergehenden Zeichen, die mit den alten nichts gemeinsam hatten, wurden in manchen Fällen danach bis spät in den Herbst hinein verwendet. Im Fall der 11. Pz. Div. wurde ihr das Motiv mit einem dreifachen umgekehrten schwarzen „T" zugeordnet. Dieser Panzer II, mit den Farben Dunkelgelb RAL 7028 und Olivgrün RAL 6003 getarnt, trägt das neue Kennzeichen neben der Fahrersichtluke, auf den Rumpfseiten und auf der Nebelkerzen-Abschussvorrichtung, die sich auf der Rückseite befindet. Die römischen Zahlen auf den Turmseiten zeigen an, dass es sich um einen Führungspanzer der III. Abteilung handelt.

11- Pz. Kpfw. II Ausf. C (Sd. Kfz. 121), 4. Panzer-Division, Polen, September 1939.

Das Truppenkennzeichen, welches diese Division während des Polenfeldzuges benutzte, waren drei in sich verschlungene Ellipsen. Das Zeichen war in diesem Fall nur neben der Fahrersichtluke gemalt worden. Die Kreuze und die Zahlen am Turm, die einem Führungspanzer des Regiments zustehen, sind gelb übermalt worden um ihren Kontrast zu verringern. Auf der Rückseite der oberen Panzerwanne ist eine kleine schwarze Blechraute angeschraubt, auf der die taktischen Zahlen weiß gemalt sind.

12- Pz. Kpfw. II Ausf. C (Sd. Kfz. 121), Panzer-Regiment 25, 7. Panzer-Division, Frankreich, November 1940.

Vor dem Westfeldzug hatte das OKH (Oberkommando des Heeres) jeder Division für deren schnelle Identifizierung ein spezifisches Truppenkennzeichen zugewiesen. Daher trugen im Mai 1940 viele Panzer auf allen vier Seiten das Symbol der Division, zu der sie gehörten. Nach dem Feldzug hat die Besatzung dieses Panzers II das Divisionsemblem und das Kreuz auch auf die Rückseite des Turmes gemalt, denn die neben dem hinteren Sichtfenster im Rumpf angelegten Motive pflegten meistens verborgen zu bleiben, sobald man die Ausrüstung auf der Motorhaube verstaute.

13- Pz. Kpfw. II Ausf. C (Sd. Kfz. 121), Panzer-Regiment 5, 5. Division, Tripolis, Libyen, Februar 1941.

Man begann diese leichte Division im Januar 1941 aufzustellen, indem man das Panzer-Regiment 5 der 3. Pz. Div. als zentrale Einheit nahm. Daher trugen die Panzer dieses Regiments das Truppenkennzeichen ihrer Ursprungsdivision eine Rune in Form eines umgekehrten „Y", gefolgt von zwei senkrechten Linien, aufgemalt an der Vorder- und Rückseite des Rumpfes. Dieses Motiv wurde manchmal auch an den Seiten wiederholt.

14- Pz. Kpfw. II Ausf. C (Sd. Kfz. 121), Panzer-Regiment 5, 5. Division, Agedabia, Libyen, April 1941.

Nachdem die weiße Palme des DAK an den Seiten des Rumpfes gemalt wurde, hat die Besatzung diesen Panzer II mit Schlamm getarnt, wobei sie die Umrisse der Zahlen an den Turmseiten aussparte, aber die an ihrer Rückseite vollkommen bedeckte. Die Nummerierung identifiziert den Panzer als zum Stab der 1. Abteilung gehörig; in diesem Fall hat man die Nr. „1" anstatt der üblichen „0" verwendet.

15- Pz. Kpfw. II Ausf. C (Sd. Kfz. 121), Panzer-Regiment 8, 15. Panzer-Division, Bardia, Libyen, November 1941.

Bezeichnend für die Panzer dieses Regiments waren die großen Zahlen, mit denen die Kompanie auf den Seiten und der Rückseite des Turmes angegeben wurde. Die Zahlen der Abteilung hingegen wurden meistens nicht gezeichnet. Die Nr. „8" entspricht der 4. Kompanie der II. Abt. - das heißt, die achte Kompanie – da jedes der zwei Bataillone dieses Panzerregiments vier Kompanien zählte. Das Divisionsemblem, ein rotes Dreieck durch eine senkrechte Linie geteilt, ist nicht nur auf den Seiten des Turmes sondern auch auf dessen Rückseite neben der Palme des DAK gemalt. Es ist möglich, dass sich neben der Motorhaube ein weißes Rechteck für die Lufterkennung befindet, aber die große Menge an Ausrüstung verdeckt dies gänzlich. Die Tarnungsfarbe ist Gelbbraun RAL 8000.

Pz. Kpfw. II Ausf. B (Sd.Kfz. 121) des unabhängigen Bataillons Pz. Abt. Nr. 40 Zbv, Norwegen, April 1940.
Angestrichen mit Dunkelgrau RAL 7021 und Weiß RAL 9001, kann sich aber auch um auf dem vorherigen Farbton angewendeten Kalk handeln; in manchen Bereichen ist die Farbe stark verdünnt.

16- Pz. Kpfw. II Ausf. C (Sd. Kfz. 121), Panzer-Regiment 3, 2. Panzer-Division, Mittlerer Abschnitt der Ostfront, UdSSR, November 1941.

Das Truppenkennzeichen dieser Division kann neben der Fahrerluke erkannt werden sowie an beiden Seiten und der Rückseite des Turmes dieses Panzer II. An den Seiten des Rumpfes befindet sich eine kleine Raute, gefolgt von einer kleinen „7". Der Panzer gehörte somit zur siebten Kompanie, also der dritten Kompanie des zweiten Bataillons. Die Nr. „703" kennzeichnet diesen als den Panzer des Übermittlungsoffiziers der 7. Kompanie. Auf den Turmseiten wiederholt sich die Nr. „7" in einem etwas größerem Format und davor befindet sich ein roter Drache. Diese Zeichnung, charakteristisch für das 3. Panzer-Regiment, wurde innerhalb einer geometrischen Figur gemalt, deren Form für jede Abteilung anders war. Die Fahrgestellnummer, bestehend aus fünf einstelligen Ziffern, befindet sich vor dem Kreuz auf der Rumpfseite.

17- Pz. Kpfw. II Ausf. C (Sd. Kfz. 121), Panzer-Regiment 7, 10. Panzer-Division, Tunesien, Februar 1943.

Dieser dem Stab des 7. Panzer-Regiment zugehörige Panzer II weist auf der Rückseite des Turmes den für dieses Regiment charakteristischen Büffel auf. Gleichzeitig ist das Abzeichen der Division auf dem großen seitlichen Kasten sichtbar: eine Rune in „Y"-Form, gefolgt von drei vertikalen Linien. Die gelbe Farbe verliert sich auf dem Tarnanstrich mit Braun RAL 8020. Dieser Panzer trägt kein gemaltes Rechteck zur Luftidentifikation.

18- Pz. Kpfw. II Ausf. C (Sd. Kfz. 121), nicht identifizierte Einheit, Kursk, UdSSR, Juli 1943.

Als die Norm H.M. 1943, Nr. 181 in Kraft trat, wurden die neuen Tarnfarben den Einheiten direkt geliefert. Einige Panzer, welche sich schon seit längerer Zeit an der Front befanden, wurden nur mit Farbflecken in Dunkelgelb getarnt. Die Dichte der Flecken, welche diesen Panzer II bedecken, ist so intensiv, dass kaum Reste des ursprünglichen Dunkelgraus erkennbar sind.

19- Pz. Kpfw. II Ausf. C (Sd. Kfz. 121), Panzer-Regiment 24, 24. Panzer-Division, Abschnitt Don, UdSSR, November 1942.

Diese Division wurde im Winter 1941/42 auf Basis der 1. Kavalleriedivision gebildet, daher behielt sie das alte Kennzeichen dieser Einheit: ein Reiter beim Überspringen eines Hindernisses. Das Zeichen befindet sich innerhalb eines nach links offenen Kreises. Das neue durch das OKH zugewiesene Truppenkennzeichen, ein gelber Pfeil mit der Spitze etwa 45° nach rechts geneigt, wurde anfangs auch auf einigen Panzern gemalt, aber der Gebrauch hielt nicht lange an. Die Besatzung hat diesen Kampfpanzer mit Schlamm so getarnt, dass die dunkelgraue Farbe aus der Fabrik kaum noch zu erkennen ist.

20- Pz. Kpfw. II Ausf. C (Sd. Kfz. 121), SS-Panzer-Regiment 1, SS-Panzergrenadier-Division „LSSAH", Charkow, UdSSR, Februar 1943.

Diese Einheit der Waffen-SS, die in den ersten Tagen des Krieges ein motorisiertes Regiment bildete, war so expandiert, dass Ende 1942 daraus eine Panzergrenadierdivision wurde. Das Zeichen, welches die Panzer trugen, war ein Dietrich, eine Abbildung, die sich vom Nachnamen des Kommandanten Josef „Sepp" Dietrich herleiten lässt. Als 1942 Dietrich mit den Eichenblättern für sein Ritterkreuz ausgezeichnet wurde, wurden diese als Verzierung auf das Divisionsschild gemalt. Die Wintertarnung dieses Panzers besteht aus einer unregelmäßigen Schicht von abbeizbarer Farbe Weiß RAL 9001.

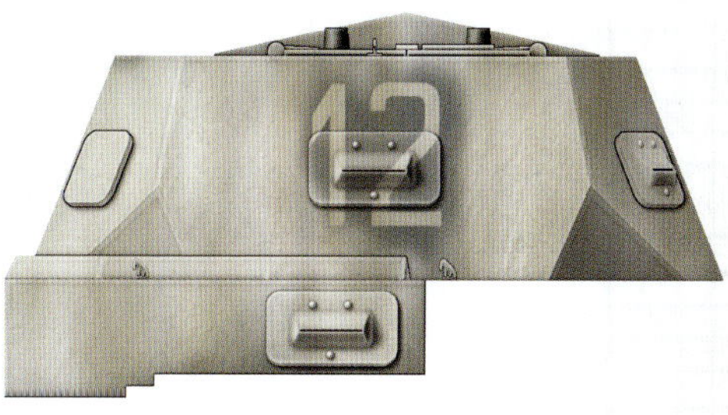

Pz. Kpfw. 38 (t)

21- Pz. Kpfw. 38 (t) Ausf. C, Panzer-Regiment 25, 7. Panzer-Division, Mittlerer Abschnitt der Ostfront, UdSSR, September 1941.
Farben: Dunkelgrau RAL 7021, Grün RAL 6007.

22- Pz. Kpfw. 38 (t) Ausf. F, Panzer-Regiment 204, 22. Panzer-Division, Krim, UdSSR, April 1942.
Farbe: Dunkelgrau RAL 7021, getarnt mit Schlamm.

323
711

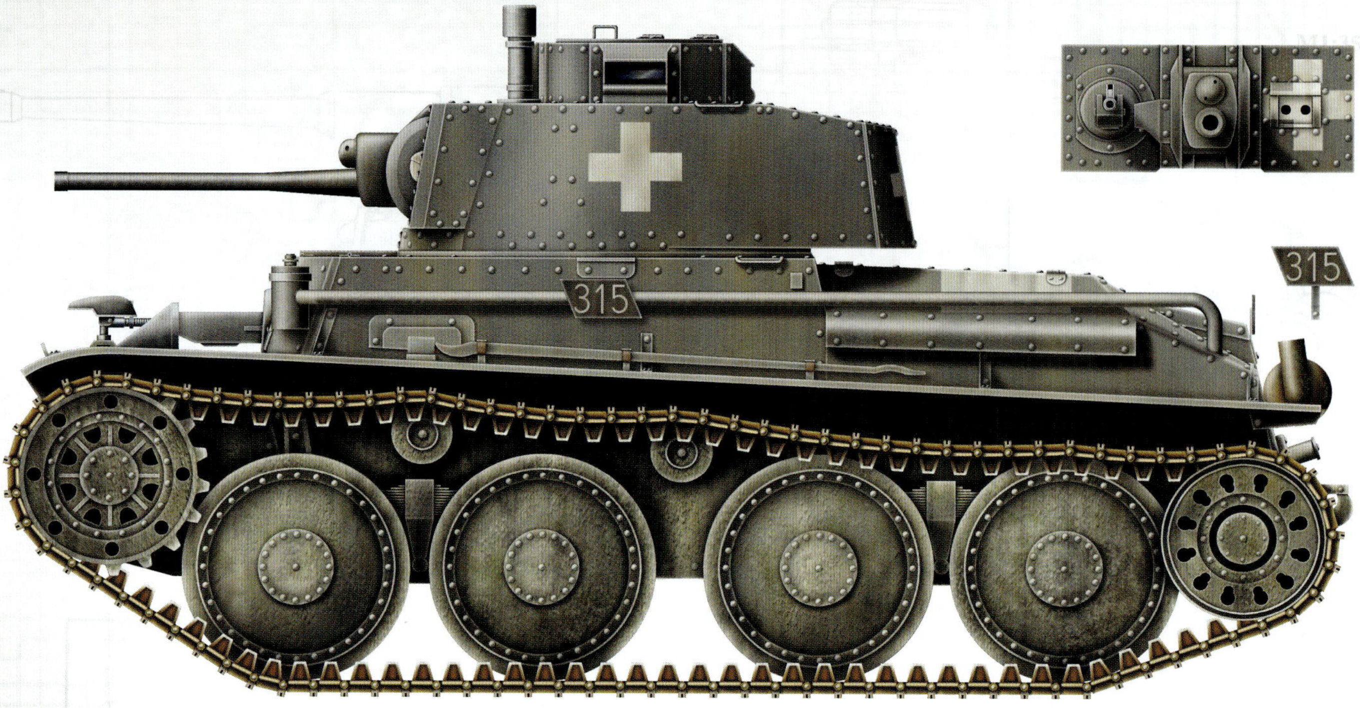

23- Pz. Kpfw. 38 (t) Ausf. A, Pz. Abt. 67, 3. Division, Polen, September 1939.
Farbe: Dunkelgrau RAL 7021.

24- Pz. Kpfw. 38 (t) Ausf. C, Pz. Abt. 66, 7. Panzer-Division, in der Nähe von Arrás, Frankreich, Mai 1940.
Farbe: Dunkelgrau RAL 7021.

25- Pz. Kpfw. 38 (t) Ausf. E, Panzer-Regiment 21, 20. Panzer-Division, nordöstlich von Smolensk, UdSSR, August 1941.
Farbe: Dunkelgrau RAL 7021.

26- Pz. Kpfw. 38 (t) Ausf. D, Panzer-Regiment 204, 22. Panzer-Division, Krim, UdSSR, April 1942.
Farbe: Dunkelgrau RAL 7021.

27- Pz. Kpfw. 38 (t) Ausf. E, Panzer-Regiment 2, 16. Panzer-Division, Kaukasus, UdSSR, September 1942.
Farben: Dunkelgrau RAL 7021, Dunkelbraun Nr. 17 (Vorkriegszeit).

28- Pz. Kpfw. 38 (t) Ausf. E, Panzerzug Nr. 63, Stanislav, Ukraine, UdSSR, März 1944.
Farben: Dunkelgelb RAL 7028, Rotbraun RAL 8017, Olivgrün RAL 6003.

545

21- Pz. Kpfw. 38 (t) Ausf. C, Panzer-Regiment 25, 7. Panzer-Division, Mittlerer Abschnitt der Ostfront, UdSSR, September 1941.
Farben: Dunkelgrau RAL 7021, Grün RAL 6007.
Im April 1941, als der Angriff auf den Balkan und Griechenland begann, wurden einige Panzer mit Tarnflecken in einer unbekannteren Farbe getarnt. Offensichtlich wurden die alten Farben Erdgelb, Grün, Braun und Dunkelbraun genutzt. Schon in Russland, sowohl 1941 wie 1942, wurden diese Farben weiterhin zur Tarnung des Materials benutzt, besonders RAL 6007 und RAL 7017. In diesem Fall hatte man große Streifen in der Farbe Grün RAL 6007 auf das fabrikmäßige Dunkelgrau RAL 7021 gemalt. Die an den Turmseiten vorhandene Nummerierung ist neu. Die ehemaligen Zahlen wurden mit Dunkelgrau übermalt und es wurden nur die Ränder der neuen Zahlen aufgemalt, ohne diese auszumalen. So wurde ihre Sichtbarkeit deutlich reduziert..

22- Panzer-Division, Krim, UdSSR, April 1942.
Farbe: Dunkelgrau RAL 7021, lokaler Schlamm.
Eine wirksame Art ein Fahrzeug zu tarnen, besteht darin, lokalen Schlamm mit einem Pinsel auf ihn aufzutragen. Die Besatzung dieses Panzers hat sorgfältig große Schlammkleckse auf dem Turm verteilt, ohne die Nummern an den Seiten und das Kreuz auf der Rückseite zu überdecken. Als sie jedoch am Rumpf angelangt waren, scheint es so, als hätten sie die Arbeit schnellstens erledigen müssen. Die dünnen, eng aneinander liegenden Schlammspuren auf dem Ausrüstungskasten oberhalb der Kettenbleche deuten dies an.

23- Pz. Kpfw. 38 (t) Ausf. A, Pz. Abt. 67, 3. Division, Polen, September 1939.
Farbe: Dunkelgrau RAL 7021.
Am Einmarsch in Polen nahmen die 1., 2., 3., 4. und 5. Panzerdivision teil, jede von ihnen mit einer Schützen- und einer Panzerbrigade. Eine Panzerbrigade bestand aus zwei Panzerregimentern mit je zwei Bataillonen, jedes Bataillon umfasste normalerweise drei Kompanien - vor dem Feldzug waren es vier Kompanie mit jeweils drei oder vier Sektionen. Die Panzeranzahl pro Sektion variierte von drei bis fünf. Es beteiligten sich auch die noch unvollständige 10. Pz. Div. und die 1., 2., 3. und 4. Leichten Divisionen der Kavallerie am Feldzug, von denen jede über ein Panzerbataillon verfügte. Wenige Wochen später wurden aus diesen Leichten Divisionen die 6., 7., 8. und 9. Panzerdivision. Zu dieser Zeit pflegte man die Fomationsnummern auf kleine rautenförmige Platten zu malen, dem taktischen Symbol eines Kampfwagens, die an den Seiten und an der Rückseite des Rumpfes angeschraubt waren.

24- Pz. Kpfw. 38 (t) Ausf. C, Pz. Abt. 66, 7. Panzer-Division, in der Nähe von Arras, Frankreich, Mai 1940.
Farbe: Dunkelgrau RAL 7021.
Da die Formationsnummern unter Kriegsbedingungen schwer zu erkennen waren, wurden diese während des Westfeldzuges bei viele Panzern mittels großformatiger Schablonen auf die Turmseiten gemalt. Dieser Panzer 38 verfügt zusätzlich zu dem weißen Rechteck, welches auf die Motorhaube gemalt wurde, auch über eine zusammengelegte gelbe Plane zur Luftidentifizierung.
Einige Monate nach dem Feldzug gegen Frankreich wurden die zehn vorhandenen Panzerdivisionen neu organisiert. Die Zahl der Gefechtsfahrzeuge wurde um die Hälfte reduziert, um so zehn zusätzliche Panzerdivisionen bilden zu können. Jetzt hatte jede Division nur noch ein Panzerregiment mit zwei Bataillonen, obgleich es auch Regimenter gab, die über drei Bataillone verfügten. Theoretisch sollten als Ausgleich die meisten Bataillone über jeweils vier Kompanien verfügen, mit vier Sektionen und fünf Panzern pro Kompanie. Jedoch waren praktisch nicht genügend Panzer vorhanden, um diese Vorschrift zu erfüllen.

25- Pz. Kpfw. 38 (t) Ausf. E, Panzer-Regiment 21, 20. Panzer-Division, nordöstlich von Smolensk, UdSSR, August 1941.
Farbe: Dunkelgrau RAL 7021.
Diese Division gehörte während des Unternehmens „Barbarossa" (dem Überfall auf die UdSSR) zur Heeresgruppe „Mitte". Anfangs war ihr Zeichen ein liegendes „E", mit den drei Strichen nach unten zeigend. Es sollte das Brandenburger Tor verkörpern. Dieses Zeichen ist identisch mit jenem, welches die 3. Pz. Div. in Frankreich benutzt hatte. Später wurde es gegen ein anderes getauscht. 1941 wurden die taktischen Zahlen der Panzer dieser Division mit zwei Ziffern bezeichnet, welche die Einheit und die Position des Panzers innerhalb der Einheit angaben. Anscheinend änderte sich die jeweilige Farbe von einer Kompanie zur anderen.

26- Pz. Kpfw. 38 (t) Ausf. D, Panzer-Regiment 204, 22. Panzer-Division, Krim, UdSSR, April 1942.
Farbe: Dunkelgrau RAL 7021.
Anfang 1942 verfügte die Wehrmacht schon über 24 Panzerdivisionen. Bis Herbst desselben Jahres stieg ihre Anzahl auf 27. Jedoch wurden im Februar 1943 viele von ihnen in der Schlacht um Stalingrad vernichtet, so die 14., 16. und 24. Panzerdivision. Andere wiederum wurden aufgelöst: die 22. und die 27., die während der Kämpfe in der Don-Gegend große Verluste erlitten. Im Mai 1943 verlor die Wehrmacht auch in Tunesien drei Divisionen: die 10., 15. und 21.. Von diesen Einheiten sind einige wieder neu errichtet worden. Die 14., 16., 21. und 24. und die 15. wurde als Panzergrenadierdivision neu organisiert. Dieser Panzer 38 (t) hat nur das Truppenkennzeichen der Division auf der Rückseite gemalt, oberhalb der Nebelkerzen-Abschussvorrichtung.

27- Pz. Kpfw. 38 (t) Ausf. E, Panzer-Regiment 2, 16. Panzer-Division, Kaukasus, UdSSR, September 1942.
Farben: Dunkelgrau RAL 7021, Dunkelbraun RAL 7017 (Vorkriegszeit).
Wie schon erwähnt, wurden 1941 und 1942 wieder die alten Farben benutzt, so das Dunkelbraun RAL 7017, um Tarnflecken auf die Kampfpanzer zu malen. In diesem Fall sind die Flecken ziemlich unregelmäßig und folgen keinem spezifischen Muster. In dieser Zeit hatte jedes Bataillon normalerweise vier Kompanien, jede mit je vier

Abteilungen mit maximal fünf Panzern. Die Ziffern auf den Turmseiten dieses Panzers 38 weisen darauf hin, dass es sich um den fünften Panzer der vierten Abteilung der fünften Kompanie des Regiments handelte.

28.- Pz. Kpfw. 38 (t) Ausf. E, Panzerzug Nr. 63, Stanislav, Ukraine, UdSSR, März 1944.
Farben: Dunkelgelb RAL 7028, Rotbraun RAL 8017, Olivgrün RAL 6003.
Normalerweise wurden die veralteten Kampfpanzer den Ausbildungseinheiten bzw. den Polizeieinheiten zugewiesen, welche für die Bekämpfung von Partisanen zuständig waren. Ausgemusterte Panzer wurden aber auch auf Panzerzügen eingesetzt. Der Transport erfolgte auf Flachwagen, welche einerseits eine zügige Verladung ermöglichten, andererseits aber auch die mit der Artillerie koordinierte Feindbekämpfung im Konvoi. Diese Panzer verfügten über keine Truppenkennzeichen, außer dem Nationalkennzeichen. Es kamen die Farben Dunkelgelb RAL 7028, Rotbraun RAL 8017 und Olivgrün RAL 6003 zum Einsatz, welche seit 1943 Standard waren.

Pz. Kpfw. 38(t) Ausf. F., 20 Pz. Div., Rußland, März 1942.
Farben: Dunkelgrau RAL 7021und Weiß RAL 9001

Pz. Kpfw. 38(t) Ausf. E, passend für den Einsatz auf einem Panzerzug für den Kampf gegen Partisanen, September 1944. Dreifarbenmuster.
Farben: Dunkelgelb 7028, Rotbraun 8017, Olivgrün 6003.

Pz. Kpfw. III

29- Pz. Kpfw. III Ausf. L (Sd. Kfz. 141/1), Schwere Panzerabteilung 502, Tortolowo, UdSSR, September 1942.
Farben: Grau RAL 7027, Feldgrau RAL 6006.

30- Pz. Kpfw. III Ausf. J (Sd. Kfz. 141/1), Panzer-Regiment 15, 11. Panzer-Division, Südabschnitt der Ostfront, UdSSR, Juli 1942.
Farben: Grau RAL 7003, Feldgrau RAL 6006.

102

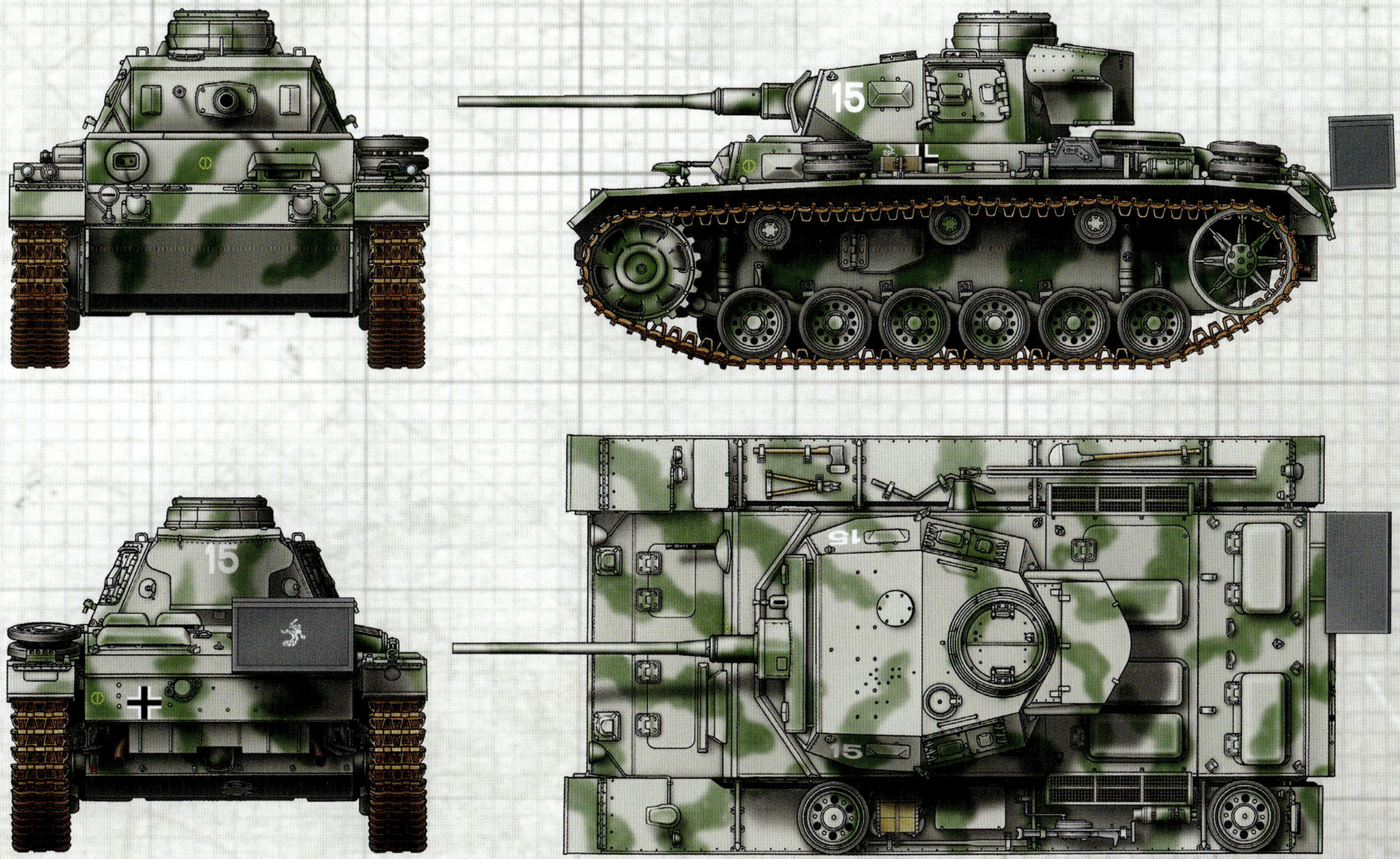
15

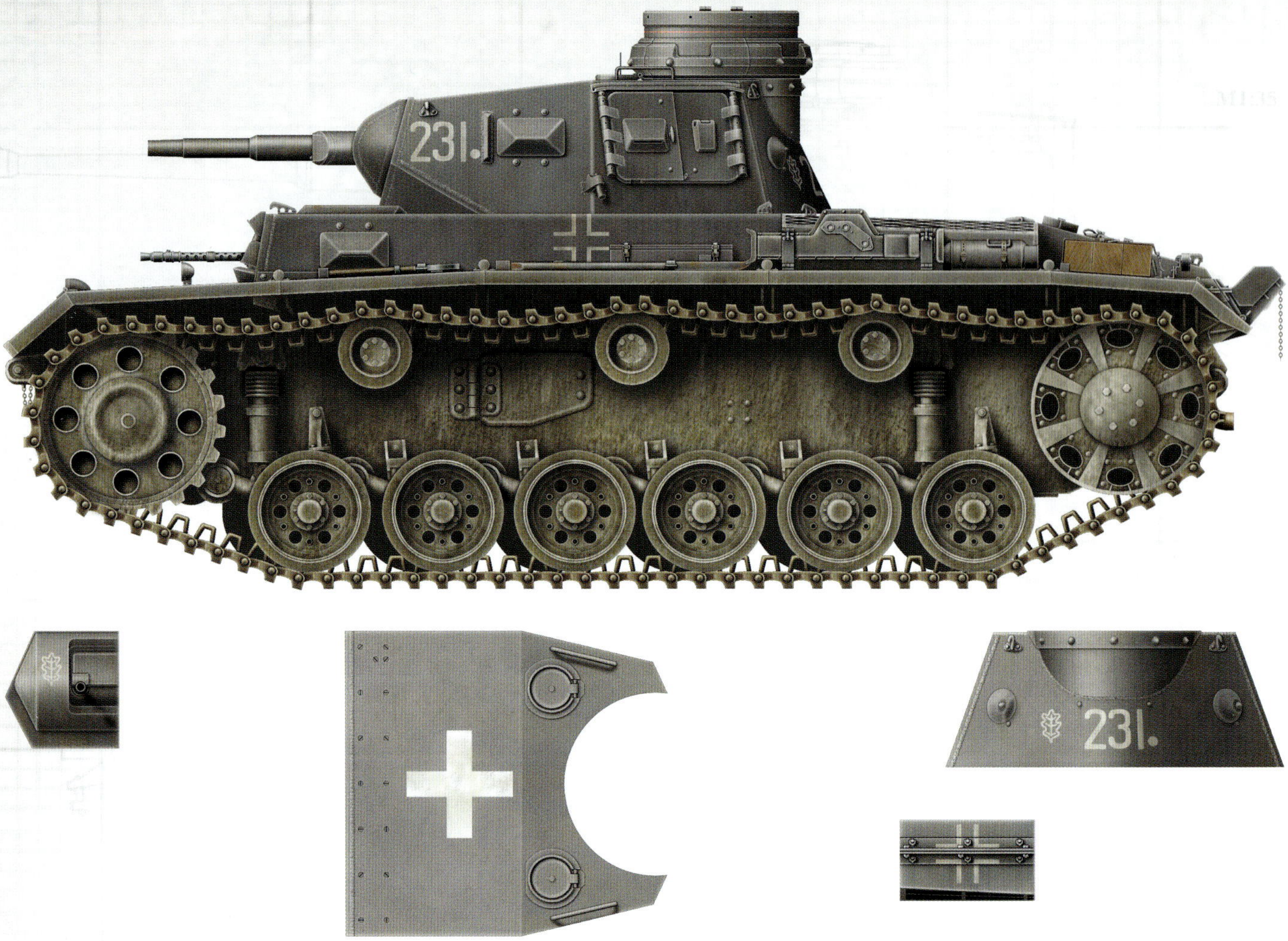

31- Pz. Kpfw. III Ausf. J (Sd. Kfz. 141), Panzer-Regiment 2, 1. Panzer-Division, Frankreich, Juni 1940.
Farbe: Dunkelgrau RAL 7021.

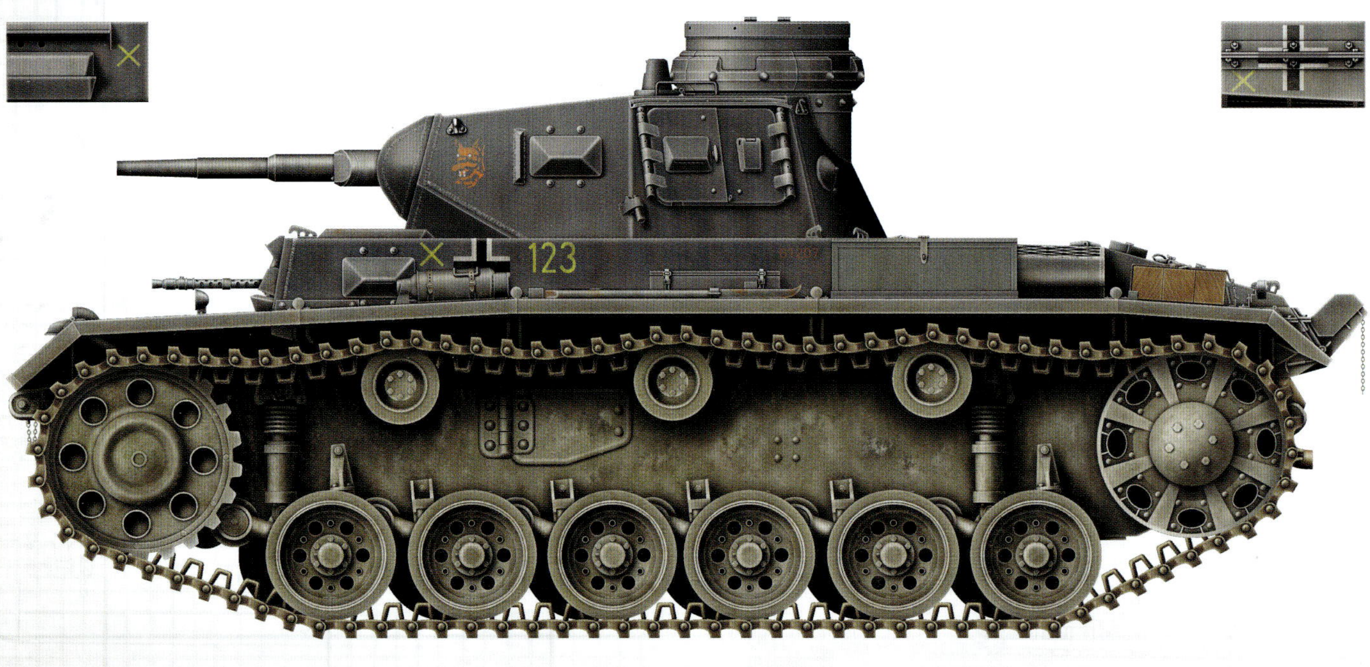

32- Pz. Kpfw. III Ausf. J (Sd. Kfz. 141), Panzer-Regiment 31, 5. Panzer-Division, Balkan, Mai 1941.
Farbe: Dunkelgrau RAL 7021.

33- Pz. Kpfw. III Ausf. G (Sd. Kfz. 141), Panzer-Regiment 5, 21. Panzer-Division, Sidi Rezegh, Libyen, November 1941.
Farben: Dunkelgrau RAL 7021, Gelbbraun RAL 8000.

34- Pz. Befehls Wagen III Ausf. E (Sd. Kfz. 267), Panzer-Regiment 5, 21. Panzer-Division, Bir-Hakeim, Libyen, Mai 1942.
Farben: Dunkelgrau RAL 7021, Gelbbraun RAL 8000.

Pz. Kpfw.III

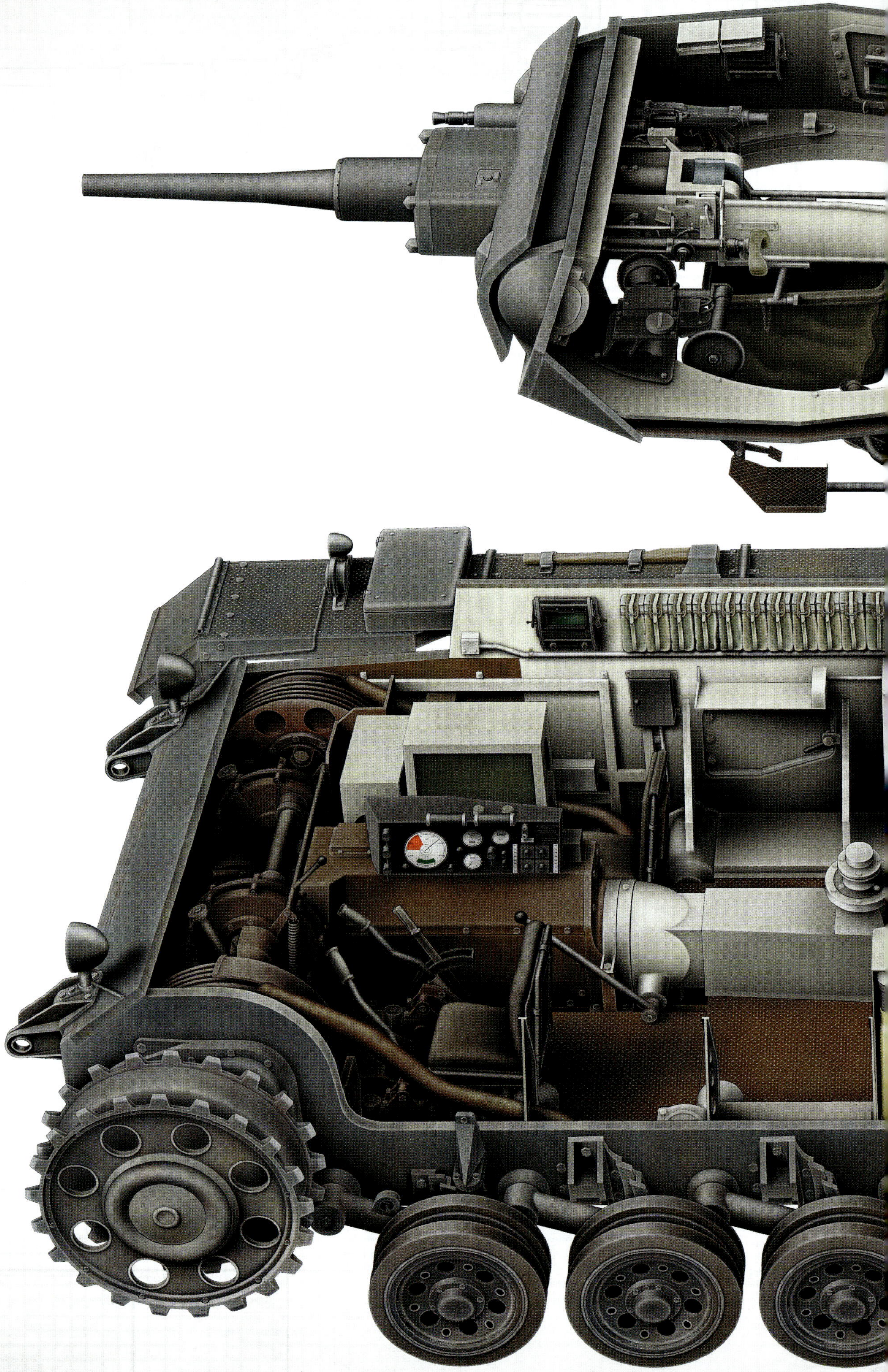

Panzerkampfwagen III Ausf. F/G
Die geschlossenen Kampffahrzeuge waren auch bei der deutschen Armee innen komplett mit hellen Farben angestrichen. Die Absicht dahinter war, das Gefühl von Klaustrophobie, welches die Besatzung erleiden konnte, zu vermindern. Die dafür verwendete Farbe war in diesem Fall Elfenbein RAL 1001. Mit ihr wurden sowohl die Wände wie auch die Decke des Kampfraumes gestrichen. Dahingegen blieben der Boden des Kampfraumes, das Getriebegehäuse, die Transmission und der Motorraum in der Rostschutzgrundierung Rot RAL 8012. Andererseits mussten alle Teile, die z. B. durch das Öffnen von Außen gesehen werden konnten, wie die Innenseite der Einstiegsluken oder die Zugangsklappen zum Motor bzw. zum Getriebe, mit der gleichen Farbe angestrichen werden wie die Außenseite des Panzers.

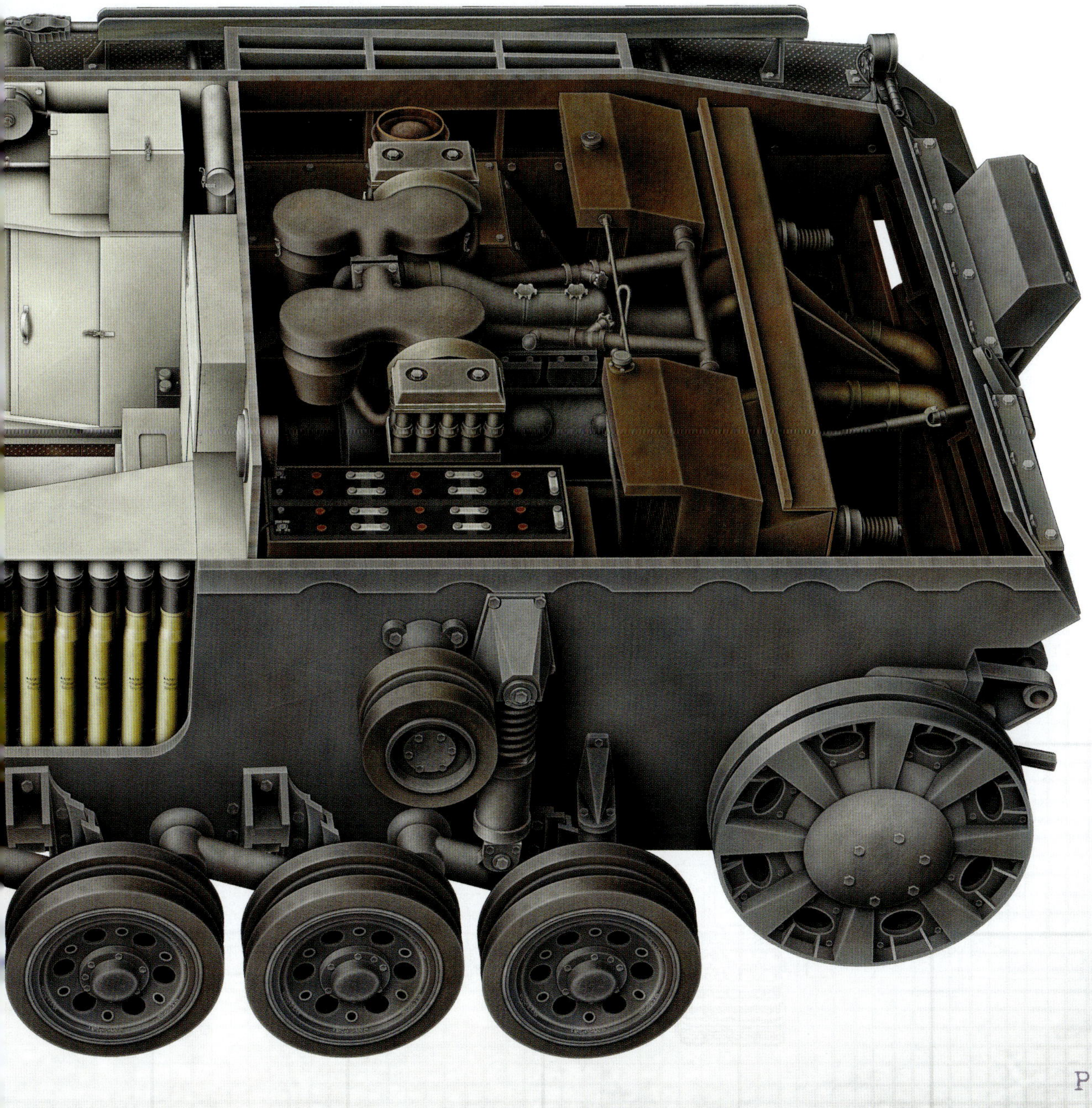

35- Pz. Kpfw. III Ausf. H (Sd. Kfz. 141), Panzer-Regiment 8, 15. Panzer-Division, El Alamein, Ägypten, Oktober 1942.
Farbe: Gelbbraun RAL 8000.

36- Pz. Kpfw. III Ausf. N (Sd. Kfz. 141/2), Schwere Panzer-Abteilung 501, Kairouan, Tunesien, Januar 1943.
Farben: Grün RAL 6007 (30%),
Braun RAL 8020 (70%).

37- Pz. Kpfw. III Ausf. M (Sd. Kfz. 141/1), 4./ SS-Panzer-Regiment 3, SS-Panzergrenadier-Division „Totenkopf", Charkow, UdSSR, März 1943.
Farben: Dunkelgrau RAL 7021, Weiß RAL 9001.

38- Pz. Kpfw. III Ausf. M (Sd. Kfz. 141/1), 8./ SS-Panzer-Regiment 2, SS-Panzergrenadier-Division „Das Reich", Charkow, UdSSR, März 1943.
Farben: Dunkelgrau RAL 7021, Gelbbraun RAL 8000.

39- Pz. Kpfw. III Ausf. L (Sd. Kfz. 141/1), 60. Infanterie-Division (mot.), südlich von Stalingrad, UdSSR, Oktober 1942.
Farben: Braun RAL 8020, Grau RAL 7027, Grün RAL 6007.

40- Pz. Kpfw. III Ausf. J (Sd. Kfz. 141), SS-Panzergrenadier-Division „Wiking", Kaukasus, UdSSR, November 1942.
Farben: Braun RAL 8020, Grau RAL 7027.

124

122

41- Pz. Kpfw. III (Fl) Ausf. M (Sd. Kfz. 141/3), Panzer-Regiment 11, 6. Panzer-Division, Südabschnitt Kursk, UdSSR, Juli 1943.
Farben: Dunkelgelb RAL 7028, Olivgrün RAL 6003, Rotbraun RAL 8017.

42- Pz. Kpfw. III Ausf. M (Sd. Kfz. 141/1), SS-Panzer-Regiment 3, SS-Panzergrenadier-Division" Totenkopf", Südabschnitt Kursk, UdSSR, Juli 1943.
Farben: Dunkelgelb RAL 7028, Olivgrün RAL 6003.

29- Pz. Kpfw. III Ausf. L (Sd. Kfz. 141/1), Schwere Panzer-Abteilung 502, Tortolowo, UdSSR, September 1942.

Aufgrund der nur langsamen Herstellung des schweren Panzers „Tiger" wurden in den Schwerpanzerabteilungen einige Panzer III eingesetzt. Zu diesem Zeitpunkt zählten zum Stab der 1. Kompanie die Tiger „100" und „101", dagegen war das Fahrzeug „102" ein Panzer III, der erst im Oktober 1942 von einem weiteren „Tiger" ersetzt werden sollte. Die Farbe, mit der dieser Panzer das Werk verließ, scheint einer der hellen Grautöne der Luftwaffe zu sein, obwohl es auch Grau RAL 7027 sein könnte. An der Front wurden Tarnungsflecken in Feldgrau RAL 6006 hinzugefügt. Das Bataillonsabzeichen, ein weiß umrandetes Mammut, kann neben dem Frontmaschinengewehr des Rumpfes und an der Rückseite des Turmes betrachtet werden. Der Stil des Balkenkreuzes erscheint besonders interessant, aufgrund der außergewöhnlichen Farbanordnung.

30- Pz. Kpfw. III Ausf. J (Sd. Kfz. 141/1), Panzer-Regiment 15, 11. Panzer-Division, Südabschnitt der Ostfront, UdSSR, Juli 1942.

Das offizielle Kennzeichen dieser Division war ein durch einen senkrechten Streifen geteilter Kreis, der für gewöhnlich auf die vier Seiten des Panzers gemalt wurde. Die Einheit hat noch ein anderes Symbol: ein Gespenst, welches auf dem Kanonenrohr sitzend ein Schwert schwingt. Dieses Zeichen ist auf den Seiten des Rumpfes und auf dem „Rommelkasten", den alle Panzer auf der Rückseite trugen, gezeichnet worden. Das Panzer-Regiment hat sich auch dadurch von den anderen abgegrenzt, dass es die Panzer nur mit zweistelligen Formationsnummern beschriftete: die erste Nummer zeigte die Truppe an und die zweite die Position des Panzers in ihr. Über die allgemeine Farbgrundierung in Grau RAL 7003 hatte man längliche Tarnflecken in der Farbe Grün RAL 6007 aufgebracht.

31- Pz. Kpfw. III Ausf. J (Sd. Kfz. 141), Panzer-Regiment 2, 1. Panzer-Division, Frankreich, Juni 1940.

Ab 1940 hat diese Division ein Eichenblatt als Symbol angenommen. Dieses Motiv wurde normalerweise auf den Vorder- und Rückseiten der Türme der Panzerwagen gemalt. Die Panzer des Panzer-Regimentes 2 unterschieden sich von denen des Panzer-Regimentes 1 dadurch, dass sie einen Punkt hinter der Formationsnummer trugen. Einige Fahrzeuge verfügten über ein weißes Kreuz auf dem Dach des Turmes, um von der Luft aus erkannt zu werden. Dieses Kennzeichen wurde manchmal durch ein gleichfarbiges Rechteck auf der Motorhaube ergänzt.

32- Pz. Kpfw. III Ausf. J (Sd. Kfz. 141), Panzer-Regiment 31, 5. Panzer-Division, Balkan, Mai 1941.

Das Truppenkennzeichen, welches vom OKH 1941 dieser Division zugeordnet wurde, war ein „X", das ihre Panzer an der Vorderseite, an den Flanken und der Rückseite des Rumpfes trugen. Das Panzer-Regiment 31 verfügte über ein eigenes Kennzeichen, genannt „Roter Teufel", das an den Turmseiten gemalt war. Diese Panzer hatten ihre taktischen Nummern nur an den Rumpfflanken angebracht. Weiter hinten befanden sich die fünf kleinen Ziffern der Nummer des Fahrgestells, in roter Farbe.

33- Pz. Kpfw. III Ausf. G (Sd. Kfz. 141), Panzer-Regiment 5, 21. Panzer-Division, Sidi Rezegh, Libyen, November 1941.

Unter dem flüchtigen Farbanstrich in Gelbbraun RAL 8000 kann man die Farbe Dunkelgrau RAL 7021 erkennen, mit der dieser Panzer III aus dem Werk kam. Auf den Turmseiten und auf der „Rommelkiste" (großer Staukasten am Heck), die an der Rückseite angeschraubt ist, hat man mit weißer Farbe die Zahlen umrandet, die den dritten Panzer der ersten Sektion der ersten Kompanie kennzeichneten. Man kann auch die Palme des Afrikakorps an den Seiten des Rumpfes erkennen, während auf der Rückseite des Fahrzeuges die Zeichnung neben dem Symbol der Division erscheint. Beide Motive sind ebenfalls auf der Vorderplatte gemalt, zwischen dem Sichtfenster des Fahrers und dem Maschinengewehr, obwohl sie durch mehrere Glieder der Kette, die von der Besatzung für eine Verstärkung der Panzerung angebracht worden war, verborgen bleiben.

34- Pz. Bef. Wg. III Ausf. E (Sd. Kfz. 267), Panzer-Regiment 5, 21. Panzer-Division, Bir-Hakeim, Libyen, Mai 1942.

Dieser gelbbraun übermalte Panzerbefehlswagen trägt kein Truppenkennzeichen der Division, aber immerhin die Palmen des Deutschen Akrikakorps (DAK). Die Motive sind mit derselben Tarnfarbe gemalt worden, wobei bei den Kreuzen und Zahlen nur die Ränder weiß gemalt wurden. Dieser Panzertyp war mit mehreren Funkgeräten ausgerüstet und verfügte (aus Platzmangel) über einen unbeweglichen Turm und eine Geschützattrappe. Nach dem Verlust des falschen Geschützes während eines Gefechtes hat die Besatzung einen Knüppel an seiner Stelle platziert, welcher die gleiche täuschende Funktion ausüben sollte.

35- Pz. Kpfw. III Ausf. H (Sd. Kfz. 141), Panzer-Regiment 8, 15. Panzer-Division, El Alamein, Ägypten, Oktober 1942

Auf dem ersten Blick unterschieden sich die Panzer der 15. Pz. Div. von denen der 21. Pz. Div. im Nummerierungssystem: die ersten trugen nur eine große Ziffer an den Seiten und der Rückseite des Turmes, während die anderen drei Ziffern trugen. Die Einzelnummer, in diesem Fall eine „6", identifizierte die Kompanie. Demzufolge gehört dieser Panzer III der 2. Kompanie der II. Abteilung an. Die vollständigen Truppenziffern erscheinen auf den Rumpfflanken in einem kleineren Format. An der Rückseite des Turmes, über dem Truppenkennzeichen der Division, kann man das Kennzeichen des Panzer-Regimentes 8 erkennen, eine Rune in Form eines invertierten (umgekehrten, umgedrehten) und liegenden „Z" (Wolfsangel genannt). Bei einigen Panzerwagen dieser Einheit war das Oberteil des Kastens am Turmes rot gestrichen, um von den deutschen Fliegern erkannt zu werden.

36- Pz. Kpfw. III Ausf. N (Sd. Kfz. 141/2), Schwere Panzer-Abteilung 501, Kairouan, Tunesien, Januar 1943.

Zum Stab dieser Schweren Panzerabteilung gehörten die Tiger „01" und „02" sowie ein Leichtzug von acht Panzern III, mit einer 75mm-Kanone ausgerüstet und von „03" bis „10" durchnummeriert. Die Panzer III kamen mit Braun RAL 8020 gestrichen in Tunesien an. Jedoch erwies sich diese Farbe als nicht sehr angemessen für diese mit grüner Vegetation bedeckte Region. Deshalb wurden die Meisten durch eine grüne Farbschicht getarnt, bei einigen waren es nur große Flecken. Es scheint logisch, dass dieser Farbton Grün RAL 6007 war. Aber es besteht auch die Möglichkeit, dass Feldgrau RAL 6006 und sogar Olivgrau RAL 6003 benutzt wurden, welches den US-Amerikanern abgenommen worden war. Das Kennzeichen dieser Einheit, ein „Tiger" auf der Lauer, lässt sich auf der Vorderseite, neben der Fahrersichtluke, erkennen.

37- Pz. Kpfw. III Ausf. M (Sd. Kfz. 141/1), 4./ SS-Panzer-Regiment 3, SS-Panzergrenadier-Division „Totenkopf", Charkow, UdSSR, März 1943.

Im Gegensatz zu den Panzern des Heeres, deren Divisionsabzeichen normalerweise in gelber Farbe gemalt wurden, war es üblich, dass die Truppenkennzeichen auf den Panzern der Waffen-SS weiß waren. Dieser Panzer III, mit Wintertarnung in Weiß RAL 9001, trägt neben dem Fahrervisier als Kennzeichen der Division einen Totenkopf. Die 4. Kompanie des SS-Panzer-Regimentes 3 war eine Schwere Panzerkompanie. Am Anfang war sie mit neun Panzerwagen „Tiger" und zehn „Panzer III" ausgerüstet, aber im Mai 1943 wurden die verbliebenen sechs „Panzer III" ebenfalls durch „Tiger" ersetzt und die Kompanie als 9. Kompanie neu organisiert.

38- Pz. Kpfw. III Ausf. M (Sd. Kfz. 141/1), 8./ SS-Panzer-Regiment 2, SS-Panzergrenadier-Division „Das Reich", Charkow, UdSSR, März 1943.

Die 8. Kompanie des SS-Panzer-Regimentes 2 war eine Schwere Panzerkompanie, welche - wie oft üblich - aufgrund der schleppenden Fertigung der Tiger-Panzer anfangs mit zehn von ihnen und zwölf Panzer III aufgestellt wurde. Der Kommandant von diesem Panzer starb am 14. März 1943 im Gefecht, während der Wiedereroberung von Charkow. Als Ende des gleichen Monats die Kompanie über ein paar Ruhetage verfügte, um sich mit neuem Proviant zu versorgen und vom Kampf zu erholen, hat die Besatzung den Namen seines gefallenen Gefährten auf die Seiten des Turmes geschrieben. Das Truppenkennzeichen der Division, eine „Wolfsangel", kann neben dem Sehschlitz des Fahrers und auf der Hinterplatte des Rumpfes erkannt werden. Auf der werksseitigen gelbbraunen Farbe RAL 8000 hat man mehrere feine unregelmäßige Tarnungslinien in Dunkelgrau RAL 7021 gemalt.

39- Pz. Kpfw. III Ausf. L (Sd. Kfz. 141/1), 60. Infanterie-Division (mot), südlich von Stalingrad, UdSSR, Oktober 1942.

Während des Frühlings 1942 hat die 60. motorisierte Infanteriedivision neben einigen Unterstützungseinheiten auch eine Panzerabteilung bekommen, die von der 18. Pz. Div. stammte. Die Abbildung zeigt einen Kampwagen, mit den Farben Braun RAL 8020, Grau RAL 7027 und Grün RAL 6007 getarnt, der auf dem Schutzblech das Kennzeichen der 20. Inf. Div. (mot.) trägt, zwei kleine gelbe Kreuze. Das eine über dem anderen angeordnet. Die Einheit gehörte zu jenen, die während der Belagerung von Stalingrad vernichtet wurde.
Im Frühling 1943 wurden manche Infanteriedivisionen (mot.) durch eine Panzerabteilung, eine Panzerjägerabteilung und eine Aufklärungsabteilung verstärkt und in Panzergrenadierdivisionen umbenannt. Zu diesem Zeitpunkt wurde eine neue 60. Pz. Gren. Div. gebildet, die schließlich den Namen Pz. Gren. Div. „Feldherrnhalle" erhielt.

Pz. Kpfw. III Ausf. N (Sd.Kfz. 141/2), 7. Pz. Div., Kursk 1943.
Farben: Dunkelgelb RAL 7028, Olivgrün RAL 6003 und Rotbraun RAL 8017.

40- Pz. Kpfw. III Ausf. J (Sd. Kfz. 141), SS-Panzergrenadier-Division „Wiking", Kaukasus, UdSSR, November 1942.

Zwischen September und November 1942 wurden die Divisionen der Waffen-SS „LSSAH", „Das Reich", „Totenkopf" und „Wiking" in Panzergrenadierdivisionen umgewandelt. Viel Material, welches ursprünglich für den Einsatz in Nordafrika bestimmt war, wurde schließlich an die Ostfront geschickt. Daher konnten 1942 viele Panzer mit „tropischer" Tarnung im Kaukasus verzeichnet werden. Dieser Panzer III wurde werksseitig mit dem seit dem Monat März vorgeschriebenen Muster getarnt, das aus einer Farbbasis in Braun RAL 8020 bestand, auf der Flecken in Grau RAL 7027 aufgetragen wurden. Die Tarnflecken nahmen ungefähr 1/3 der gepanzerten Gesamtoberfläche ein. Das Hakenkreuz in Form eines Sonnenrades, welches der Division „Wiking" als Kennzeichen diente, wurde auf dem rechten Vorderschutzblech und auf dem linken hinteren Schutzblech aufgezeichnet. Gleichzeitig trug der Panzer zur Lufterkennung ein Hakenkreuz auf dem Deckel des Notstaukastens am Turm.

41- Pz. Kpfw. III Ausf. M (Sd. Kfz. 141/3), Panzer-Regiment 11, 6. Panzer-Division, Südlicher Abschnitt von Kursk, UdSSR, Juli 1943.

Für die Offensive südlich des Kursker Bogens, die zum Ziel hatte die sowjetischen Geheimdienste zu täuschen, wechselten die Deutschen die Abzeichen aller an dieser Operation teilnehmenden Divisionen gegen einfache geometrische Figuren. Das neue Kennzeichen der 6. Pz. Div. war ein doppeltes umgekehrtes „T" mit ungleich langen Strichen. Normalerweise wurde es auf die vier Seiten gemalt und zugleich auf der Vorder- und Rückseite durch einen vierzackigen kleinen Stern ergänzt. Das System zur Erkennung der verschiedenen Einheiten, welche zu dieser Division gehörten, bestand in der Abkürzung des Familiennamens von jedem Oberbefehlshaber. Da Von Oppeln-Bronikowski der Kommandant vom Panzer-Regiment 11 war, von dem nur das zweite Bataillon einsatzbereit war, wurden seine Panzer mit den Buchstaben „Op" beschriftet. Der in diesem Profil dargestellte Flammenpanzer ist mit den Farben getarnt, die ab 1943 benutzt wurden: Dunkelgelb RAL 7028, Olivgrün RAL 6003 und Rotbraun RAL 8017.

42- Pz. Kpfw. III Ausf. M (Sd. Kfz. 141/3), SS-Panzer-Regiment 3, SS-Panzergrenadier-Division „Totenkopf", Südlicher Abschnitt von Kursk, UdSSR, Juli 1943.

Das provisorische Erkennungszeichen, das der Waffen-SS für die Operation „Zitadelle" zugewiesen wurde, war eine dreizackige Rune, die aus drei senkrechten Balken bestand und in weißer oder schwarzer Farbe auf der Vorder- und Rückseite der Fahrzeuge gemalt wurde. Obwohl das SS-Panzer-Regiment 3 laut Soll drei Bataillone hatte, verfügte es nur über zwei mit je drei Kompanien. Auf diesen Kampfpanzer wurde die Ziffer „II5" auf den Seiten und auf der Rückseite der Turmschürze gezeichnet, was bedeutet, dass er zum Stab der II. Abt. gehört. Die Tarnung besteht aus einer Serie von unregelmäßigen Strichen, die in olivgrüner Farbe RAL 6003 mit einer Spritzpistole auf dem aus der Fabrik stammenden Dunkelgelb RAL 7028 aufgetragen worden waren.

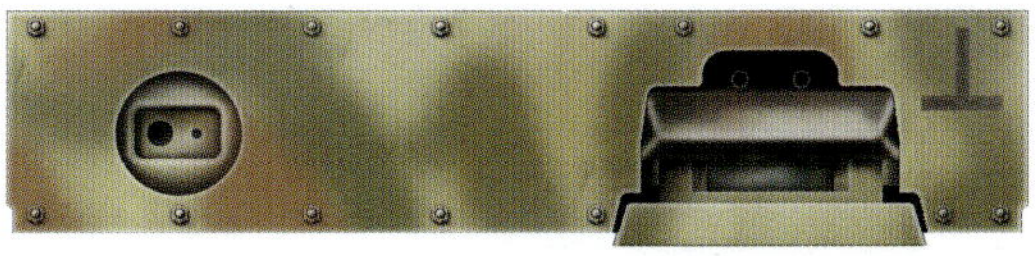

Pz.Kpfw.IV

43- Pz. Kpfw. IV Ausf. H (Sd. Kfz. 161/2), Panzer-Regiment 35, 4. Panzer-Division, Naryshkino, UdSSR, Juni 1943.
Farben: Dunkelgelb RAL 7028, Olivgrün RAL 6003, Rotbraun RAL 8017.

44- Pz. Kpfw. IV Ausf. H (Sd. Kfz. 161/2), SS-Panzer-Regiment 1, SS-Panzergrenadiere „LSSAH", Mailand, Italien, September 1943.
Farben: Dunkelgelb RAL 7028, Olivgrün RAL 6003, Rotbraun RAL 8017.

106

618
6 18

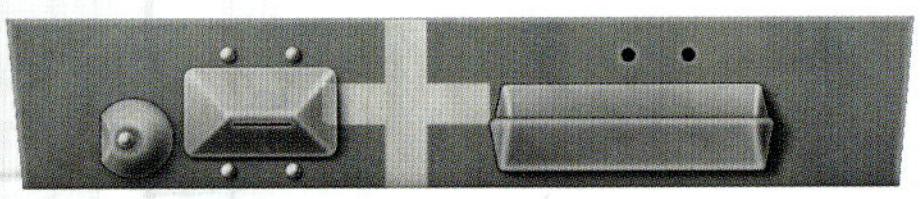

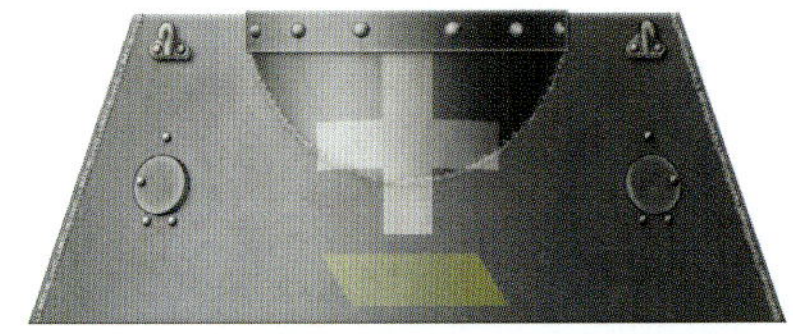

45- Pz. Kpfw. IV Ausf. B (Vs. Kfz. 622), Pz. Brig. 8,
5. Panzer-Division, Opatow, Polen, September 1939.
Farbe: Dunkelgrau RAL 7021.

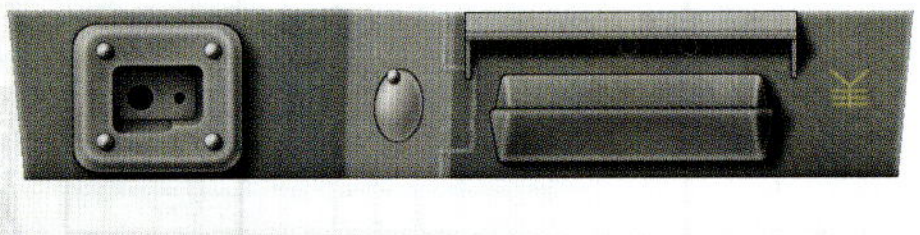

46- Pz. Kpfw. IV Ausf. D (Sd. Kfz. 161),
Panzer-Regiment 18, 18. Panzer-Division,
Mittlerer Abschnitt an der sowjetischen Grenze, Juni 1939.
Farbe: Dunkelgrau RAL 7021.

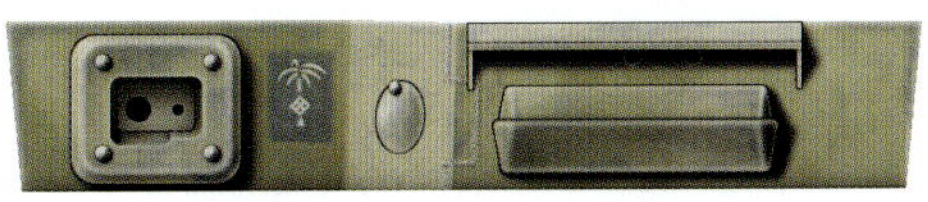

**47- Pz. Kpfw. IV Ausf. D (Sd. Kfz. 161), Panzer-Regiment 5,
21. Panzer-Division, nördlich von Gabr Saleh, Libyen, November 1941.**
Farben: Gelbbraun RAL 8000, Graugrün RAL 7008,
Dunkelgrau RAL 7021.

**48- Pz. Kpfw. IV Ausf. F (Sd. Kfz. 161), Panzer-Regiment 31,
5. Panzer-Division, Zentraler Abschnitt der Ostfront, UdSSR, März 1942.**
Farben: Gelbbraun RAL 8000, Dunkelgrau RAL 7021.

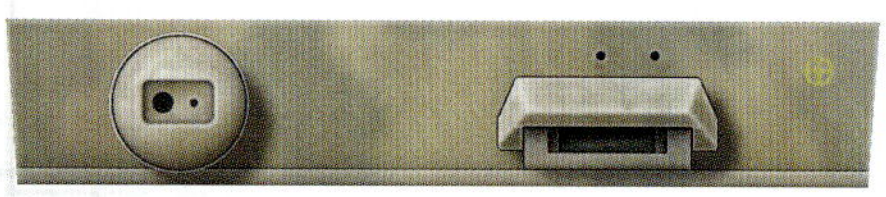

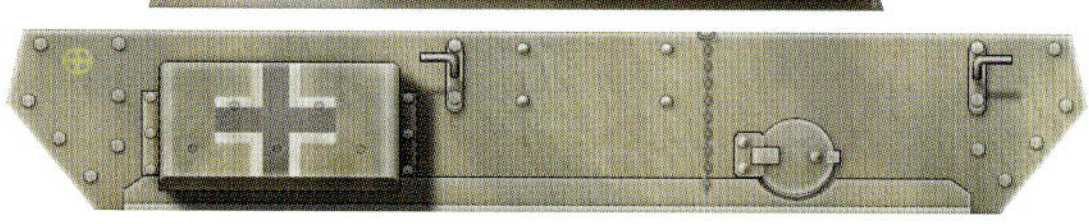

49- Pz. Kpfw. IV Ausf. F2 (Sd. Kfz. 161/1), Panzer-Regiment 4, 13. Panzer-Division, Nordkaukasus, UdSSR, November 1942.
Farben: Braun RAL 8020, Grau RAL 7027.

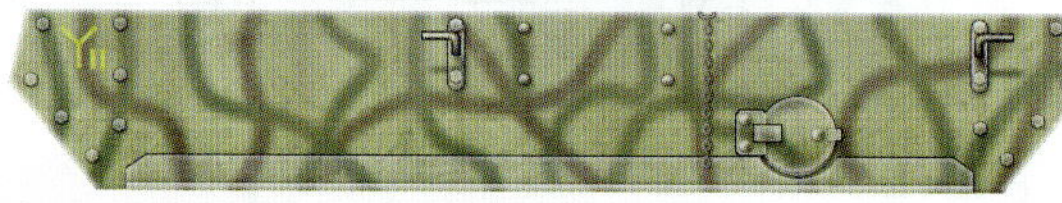

50- Pz. Kpfw. IV Ausf. G (Sd. Kfz. 161/1), Panzer-Regiment 33, 9. Panzer-Division, westlich von Orjol, UdSSR, Juli 1942.
Farben: Dunkelgelb RAL 7028, Olivgrün RAL 6003, Rotbraun RAL 8017.

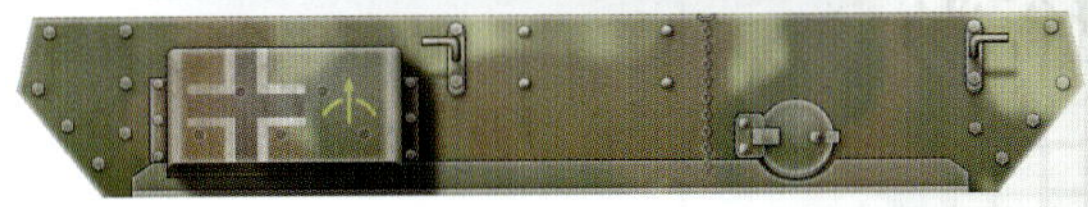

51- Pz. Kpfw. IV Ausf. F2 (Sd. Kfz. 161/1), Panzer-Regiment 21,
20. Panzer-Division, südlich von Schatkowo, Weißrussland, September 1943.
Farben: Dunkelgelb RAL 7028, Olivgrün RAL 6003, Rotbraun RAL 8017.

52- Pz. Kpfw. IV Ausf. B (Sd. Kfz. 161), Panzer-Regiment 100,
21. Panzer-Division, Normandie, Frankreich, Juni 1944.
Farben: Dunkelgelb RAL 7028, Olivgrün RAL 6003.

53- Pz. Kpfw. IV Ausf. H (Sd. Kfz. 161/2), Panzer-Regiment 3, 2. Panzer-Division, Picardie, Frankreich, März 1944.
Farben: Dunkelgelb RAL 7028, Olivgrün RAL 6003, Rotbraun RAL 8017.

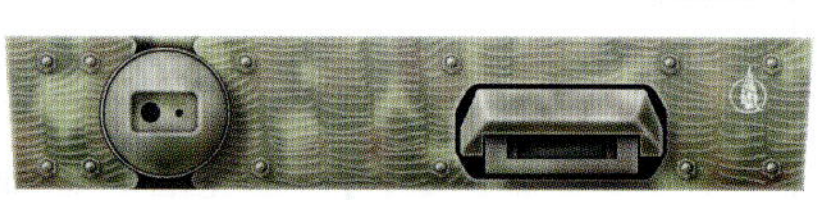

54- Pz. Kpfw. IV Ausf. H (Sd. Kfz. 161/2), Panzer-Regiment 26, 26. Panzer-Division, Nettuno, Italien, März 1944.
Farben: Dunkelgelb RAL 7028, Olivgrün RAL 6003, Rotbraun RAL 8017.

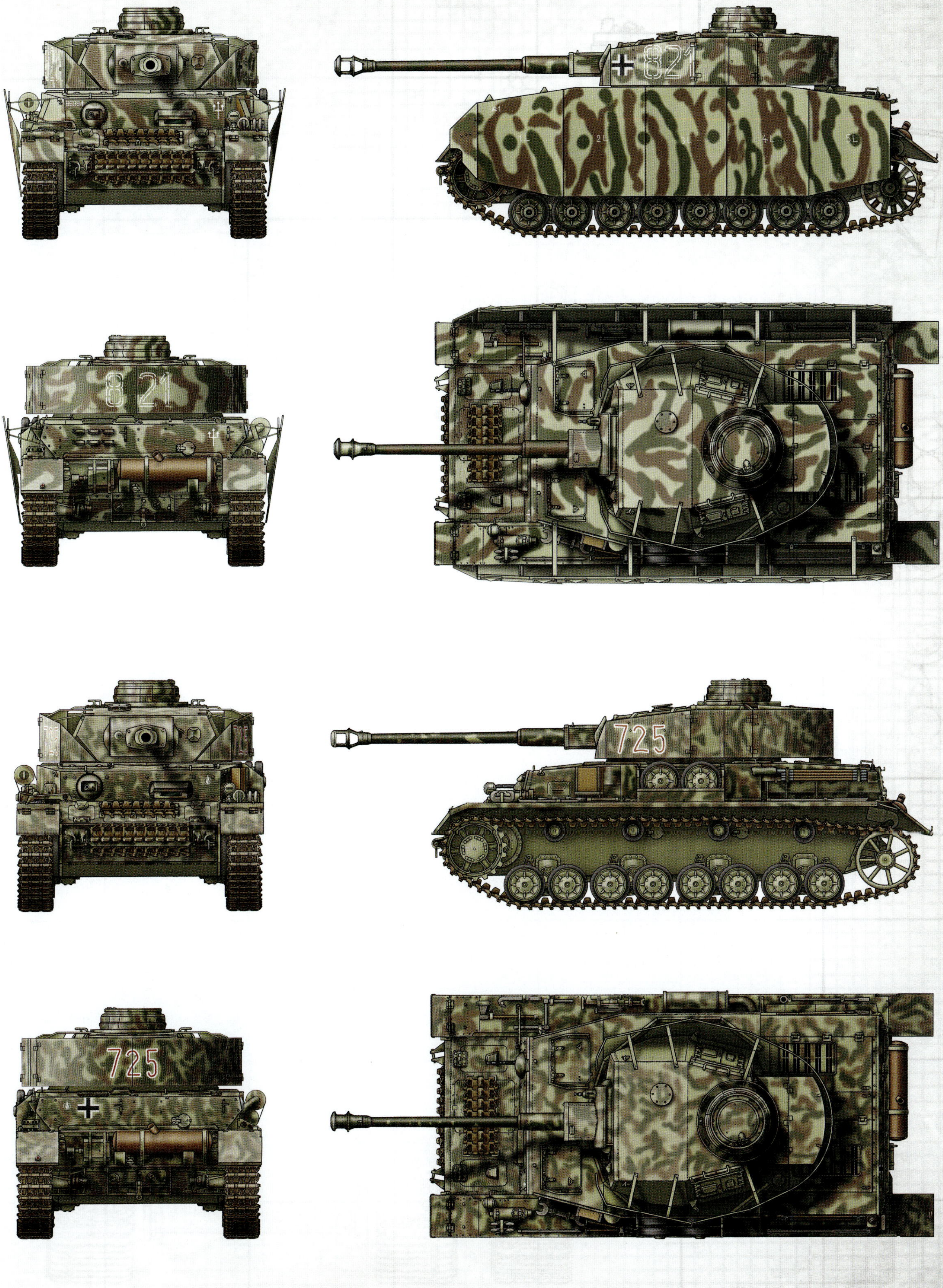
821
8 21
725
725

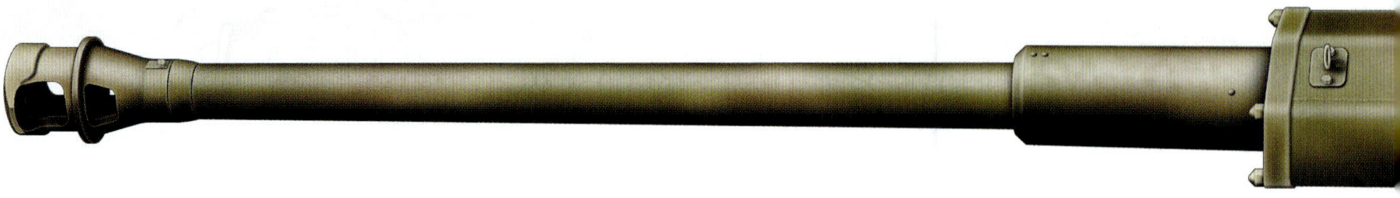

Panzerkampfwagen IV Ausf. J

Im Innern der deutschen Kampfwagen hat man nicht nur die Farben Elfenbein RAL 1001 und Rot RAL 8012 verwendet, sondern auch andere Farbtöne. Unter ihnen dominiert die Farbe Schwarz RAL 9005, mit der jene Teile angestrichen wurden, welche einer größeren Abnutzung ausgesetzt waren. Dazu zählen Verriegelungsgriffe an den Luken, die Rahmen für die Panzerglasscheiben, die Instrumententafeln, die Hebel und Pedale im Fahrerbereich, die Sitze und die dazugehörigen Befestigungsgestänge, die Visiereinrichtung und die Richträder der Kanone, die Aufhängung des Maschinengewehrs, die Sicherungskästen usw. Aufgrund der verschiedenen Hersteller waren Abweichungen an der Tagesordnung. Zum Ende des Krieges wurden viele dieser Elemente mit der Farbe Elfenbein RAL 1001 angestrichen.

43- Pz. Kpfw. IV Ausf. H (Sd. Kfz. 161/2), Panzer-Regiment 35, 4. Panzer-Division, Naryshkino, UdSSR, Juni 1943.

1943 hatte das Panzer-Regiment 35 nur ein Panzerbataillon, die I. Pz. Abt. Nach den schweren Kämpfen im Februar in Kursk-Belgorod und im Mai in Novgorod-Sevsk wurde die 4. Pz. Div. als Nachhut abkommandiert, um ausgerüstet mit neuem Panzermaterial, Gefechte gegen die Partisanen durchzuführen. Die Operation Zitadelle stand kurz bevor und die Einheit sollte in den nördlichen Abschnitt des Kursker Bogens verlegt werden. Dieser mit den Farben Dunkelgelb RAL 7028, Olivgrün RAL 6003 und Rotbraun RAL 8017 getarnte Panzer hatte auf der Vorder- und Rückseite das alte Truppenkennzeichen gemalt, das die Division 1940 in Frankreich benutzt hatte. An den Turmseiten trägt er das Regimentskennzeichen, einen aufrecht stehenden Bären, dessen Farbe sich gemäß der folgenden Vorgaben änderte: 1. Kompanie Weiß, 2. Kompanie Rot, 3. Kompanie Gelb, 4. Kompanie Blau und Grün für den Stab des Panzer-Regimentes

44- Pz. Kpfw. IV Ausf. H (Sd. Kfz. 161/2), SS-Panzer-Regiment 1, SS-Panzergrenadiere „LSSAH", Mailand, Italien, September 1943.

Nach Mussolinis Niederlage und dem bevorstehenden Austritt Italiens aus der Allianz hatten die Deutschen sofort den Norden des Landes besetzt. In August 1943 wurde die gesamte Division „Leibstandarte SS Adolf Hitler" schnellstmöglich von der Ostfront in den Norden Italiens verlegt, wo sie neue Ausrüstungen und Kampftechnik erhielt. Dieser Panzer IV Ausf. H, der anfangs werksseitig in der Farbe Dunkelgelb RAL 7028 gestrichen war, wurde mit einer Spritzpistole mit breiten Streifen in rotbrauner Farbe RAL 8017 getarnt, welche an manchen Stellen mit feinen olivgrünen Rändern (RAL 6003) abgesetzt waren.

45- Pz. Kpfw. IV Ausf. B (Vs. Kfz. 622), Panzer-Brigade 8, 5. Panzer-Division, Opatow, Polen, September 1939.

Während des Feldzuges durch Polen war die verfügbare Anzahl an Panzer IV so beschränkt, dass jede Panzerbrigade nur über 24 Kampffahrzeuge verfügte. Die Brigade bestand aus zwei Regimentern, jedes verfügte über 12 Panzer. Diese verteilten sich wiederum gleichmäßig auf die je zwei Bataillone eines Regimentes. Diese Ausführung, welche die typischen Kennzeichen dieses Zeitabschnittes trägt, verfügt über keine Lufterkennungsmerkmale.

46- Pz. Kpfw. IV Ausf. D (Sd. Kfz. 161), Panzer-Regiment 18, 18. Panzer-Division, Mittlerer Abschnitt an der Grenze zur Sowjetischen, Juni 1939.

Die 18. Pz. Div. wurde Oktober 1940 gebildet und wurde am Anfang mit Tauchpanzer für die geplante - und nie vollbrachte - Invasion Großbritanniens ausgerüstet. Aus diesem Grund hat die Pz. Brig. 18 ein Wappen als Truppenkennzeichen angenommen, in dessen Innern sich der Totenkopf, welcher die Panzergruppen kennzeichnete, über kurvigen Linien befand, welche die Meeresoberfläche versinnbildlichen sollten. Die Panzergruppen trugen dieses Motiv auf der Rückseite des Turmes und manchmal auch an den Seitenflächen. Das offizielle Kennzeichen der Division war eine Rune in „Y"-Form, deren Basis drei waagerechte Linien durchqueren. Die 18. Pz. Div. wurde in Oktober 1943 aufgelöst und in die 18. Artilleriedivision überführt.

47- Pz. Kpfw. IV Ausf. D (Sd. Kfz. 161), Panzer-Regiment 5, 21. Panzer-Division, nördlich von Gabr Saleh, Libyen, November 1941.

Die Farben Gelbbraun RAL 8000 und Graugrün RAL 7008 wurden eigentlich nicht für den Einsatz in der Wüste entwickelt. Tatsächlich sind sie bei dortigen Fahrzeugen nur aus einem Grunde anzutreffen – sie waren verfügbar. Mit der erst genannten Farbe wurden die Nahverkehrszüge Berlins angestrichen und mit der zweiten die Stahlgebäude der Eisenbahngesellschaft. Wie auf der Abbildung zu sehen ist, waren die Töne sehr dunkel und wiesen nur einen geringen Kontrast zueinander auf. Es war wirklich schwer den einen Farbton vom anderen zu unterscheiden, wenn die Farben durch die Einflüsse der Sonne und des Sandes verwittert waren. Dieser Panzer IV, ohne Divisionskennzeichen, wurde in der werkseitig in dunkelgrauer Farbe RAL 7021 ausgeliefert. Dieser Farbton ist rings um die Palmen des DAK-Zeichens und die Zahlen noch gut zu erkennen.

48- Pz. Kpfw. IV Ausf. F (Sd. Kfz. 161), Panzer-Regiment 31, 5. Panzer-Division, Mittlerer Abschnitt der Ostfront, UdSSR, März 1942.

Dieser gelbbraune Kampfwagen wurde mit feinen unregelmäßigen Linien getarnt, die mit einer Spritzpistole in dunkelgrauer Farbe RAL 7021 aufgetragen wurde. Das Truppenkennzeichen der Division - es wurde mal auf schwarzem oder mal auf rotem Untergrund gemalt - befindet sich auf den vier Seiten der Panzeroberwanne, während das Kennzeichen des Regiments nur an beiden Turmseiten erscheint, genau vor der taktischen Nummer, die in diesem Fall die „451" ist.

49- Pz. Kpfw. IV Ausf. F2 (Sd. Kfz. 161/1), Panzer-Regiment 4, 13. Panzer-Division, Nordkaukasus, UdSSR, November 1942.

Das Panzerregiment 4 war eines der wenigen Regimenter, welche in dieser Phase des Krieges mit drei statt zwei Bataillonen aufwarten konnten. Selbstverständlich war die Anzahl der Kompanie pro Abteilung nicht höher als drei. In diesem Fall stand die erste Ziffer der Nummer auf dem Turm für die 9. Kompanie, das heißt, die dritte des 3. Bataillons. Das Symbol der Division, ein in vier gleiche Teile geteilter Kreis, ist neben dem vorderen Sichtfenster des Fahrers, auf den Rumpfflanken und auf der Rückseite, in der Nähe der Nebeltöpfe gemalt. Die Tarnfarben sind Braun RAL 8020 und Grau RAL 7027.

50- Pz. Kpfw. IV Ausf. G (Sd. Kfz. 161/1), Panzer-Regiment 33, 9. Panzer-Division, westlich von Orjol, UdSSR, Juli 1942.

1943 verfügte Deutschland über 4.211 Kampffahrzeuge. Zu diesem Zeitpunkt bestand ein Panzerregiments innerhalb einer Pz. Div. theoretisch aus zwei Bataillonen mit jeweils vier Kompanien. 96 Panzer pro Bataillon plus 10 Panzer im Regimentsstab ergaben in der Summe 202 Panzer pro Division. In der Praxis lag diese theoretische Zahl ziemlich weit entfernt von der realen. Einige Regimenter verfügten nur über ein Bataillon mit vier Kompanien, andere Regimenter hatten zwar zwei Bataillone aber mit jeweils nur drei Kompanien. Die Ostfront beanspruchte enorme Mengen an Material, die schwer zu ersetzen waren, weshalb die Panzerformationen nie vollständig ausgerüstet waren.

51- Pz. Kpfw. IV Ausf. F2 (Sd. Kfz. 161/1), Panzer-Regiment 21, 20. Panzer-Division, südlich von Schatkow, UdSSR, September 1943.

Die neuen Vorschriften vom Februar 1943 legten die Verwendung der dunkelgelben Farbe RAL 7021 als Standardton für alle Fronten fest. Nach dem Eintreffen in den einzelnen Einheiten mussten die Fahrzeuge mit großen unregelmäßigen Flecken in den Farben Olivgrün RAL 6003 und / oder Rotbraun RAL 8017 getarnt werden, was eine enorme Vielfalt von verschiedenen Tarnmustern verursachte. Scheinbar wurden in einzelnen Fällen statt der oben genannten Farben auch die zuvor verbreiteten Töne Grün und Dunkelbraun verwendet.
Die Flecken auf diesem Panzer sind so dicht, dass sie die Werksfarbe kaum durchblicken lassen. Das Divisionskennzeichen hebt sich auf der Rückseite gegen den Panzerschutz der Nebeltöpfe ab. Auf der Seite der „Rommelkiste" ist der kleine weiße Elefant sichtbar, dem Kennzeichen des Regimentes. Auf dem Rumpf, hinter den Ersatzrädern, ist ein in schwarz gemaltes Rechteck erkennbar, mit den Angaben für den Transport per Eisenbahn.

52- Pz. Kpfw. IV Ausf. B (Sd. Kfz. 161), Panzer-Regiment 100, 21. Panzer-Division, Normandie, Frankreich, Juni 1944.

Die legendäre 21. Panzerdivision des Afrikakorps wurde in Mai 1943 in Tunesien geschlagen. Im Sommer des gleichen Jahres wurde in Frankreich mit den Soldaten der Besetzungstruppen eine neue 21. Panzerdivision aufgestellt, welche mit französischen Kampffahrzeugen, veralteten Panzern und verschiedensten Selbstfahrlafetten ausgerüstet wurden. Im August 1944 wurde die Einheit bei der Schlacht von Falaise praktisch vernichtet. Dieser alte Panzer IV der Ausführung B trägt eine seltsame Tarnung, die aus große Streifen in den Farben Olivgrün RAL 6003 und Dunkelgelb RAL 7028 besteht.

53- Pz. Kpfw. IV Ausf. H (Sd. Kfz. 161/2), Panzer-Regiment 3, 2. Panzer-Division, Picardie, Frankreich, März 1944.

Im Januar 1944 wurde die 2. Pz. Div. von der Ostfront nach Frankreich verlegt, wo sie mit neuem Material ausgerüstet wurde. Die Panzer IV, welche sie erhielt, trugen die Fahrgestellnummern (Fgst. Nr.) schablonenhaft neben dem Maschinengewehr des Rumpfes. Unter jenen die identifiziert werden konnten, befanden sich die Panzer mit den Nummern „821", der die Fgst. Nr. 86984 trug, „823" mit der Fgst. Nr. 89272 und der „834" mit der Fgst. Nr. 89589. Gleichzeitig waren auch die Schürzen nummeriert und mit den Buchstaben „L" oder „R" gekennzeichnet, je nach der entsprechenden Seite: Linke oder Rechte. Die Tarnung, in diesem Fall buntscheckige Flecken in den Farben Olivgrün RAL 6003 und Rotbraun RAL 8017, verbarg teilweise und mit Absicht die Balkenkreuze. Am Kanonenrohr dieses Exemplars kann man die Rostschutzgrundierung Rot RAL 8012 erkennen, von olivgrünen Flecken überdeckt.

54- Pz. Kpfw. IV Ausf. H (Sd. Kfz. 161/2), Panzer-Regiment 26, 26. Panzer-Division, Nettuno, Italien, März 1944.

Diese Einheit, im September 1942 in Belgien aufgestellt, wurde im August 1943 nach Italien verlegt. Dort kämpfte sie bis Ende des Krieges in den wichtigsten Schlachten: Salerno, Cassino, Anzio u.a.. Wie auch andere Kampffahrzeuge dieser Division trägt diese Panzer IV eine aufwendige Tarnung, bestehend aus sehr nahe beieinander liegenden rotbraunen und olivgrünen Streifen. Das Divisionskennzeichen, der Kopf eines Grenadiers aus dem 18. Jahrhundert, lässt sich auf den Vorder- und Rückplatten des Rumpfes erkennen. Das einzige Balkenkreuz befindet sich auf der Hinterseite und in der damals üblichen Größe von 25cm Höhe.

Beutepanzer

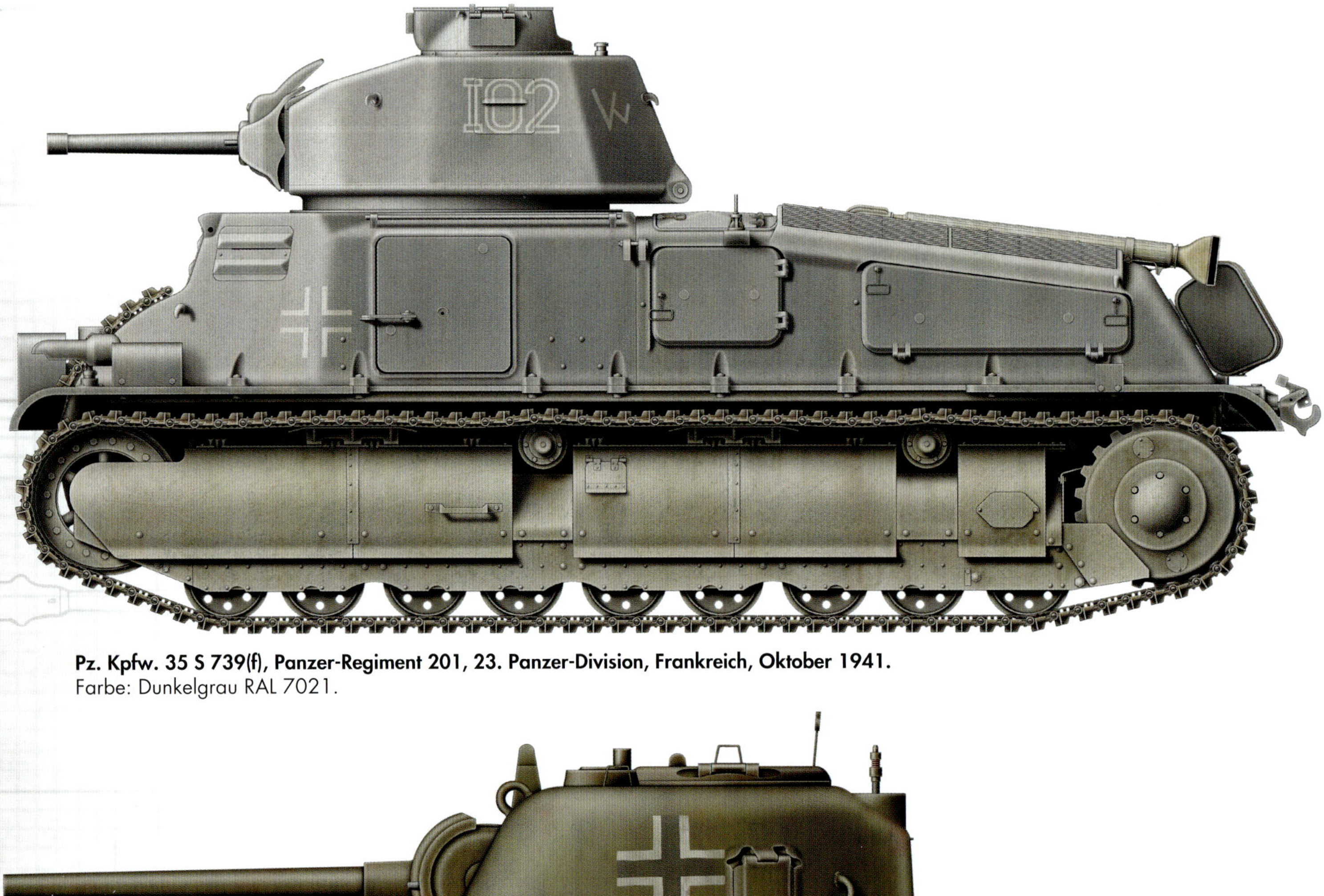

Pz. Kpfw. 35 S 739(f), Panzer-Regiment 201, 23. Panzer-Division, Frankreich, Oktober 1941.
Farbe: Dunkelgrau RAL 7021.

Pz. Kpfw. M4 748(a), 5. Fallschirmjäger-Division, Ardennen, Luxemburg, Januar 1945.
Farbe: Olivegrün (Amerikanisch).

Pz. Kpfw. BT 742(r), nicht identifizierte Einheit, Ostfront, UdSSR, 1942.
Farbe: Dunkelgrau RAL 7021.

Pz. Kpfw. KW-IA 753(r), 1. Panzer-Division ?, Ostfront, UdSSR, Januar 1942.
Farben: Weiß 9002, Dunkelgrün (Russisch).

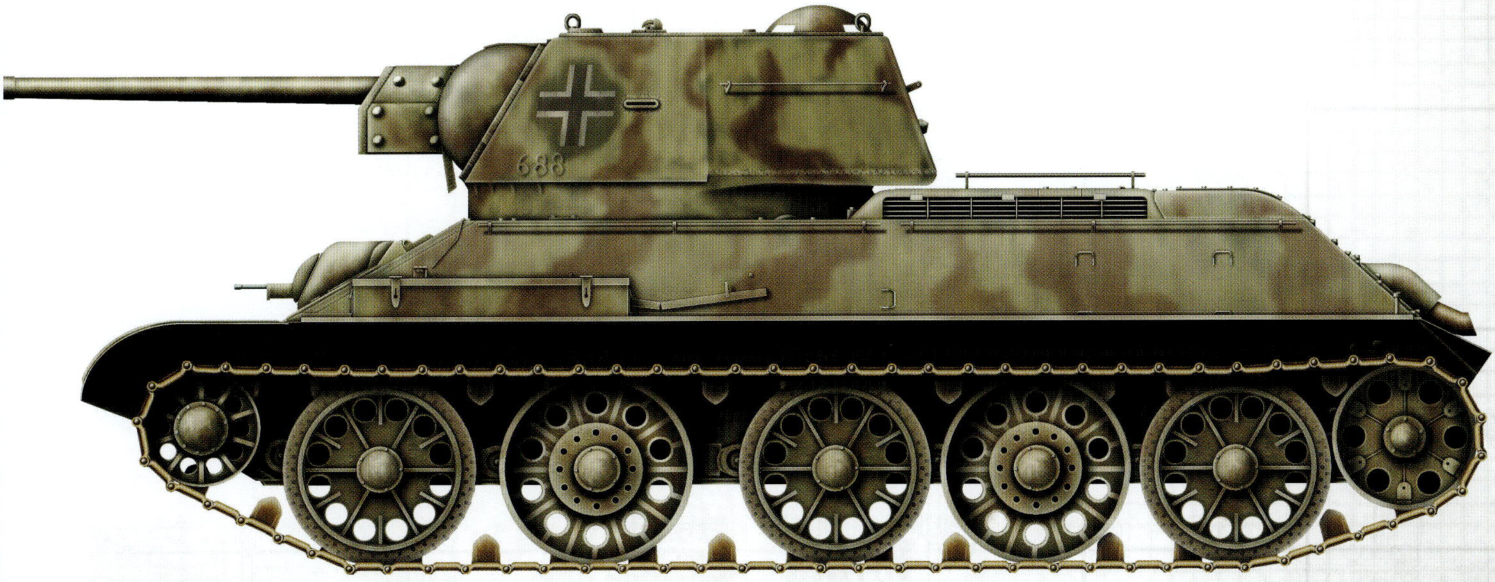

Pz. Kpfw. T-34 747(r), SS-Panzerjäger-Abteilung 2, 2. SS-Panzergrenadier-Division „Das Reich", Südlicher Abschnitte bei Kursk, UdSSR, Juli 1943.
Farben: Dunkelgelb RAL 7028 und Rotbraun RAL 8017.

Truppenkennzeichen

PANZERDIVISIONEN, HEER

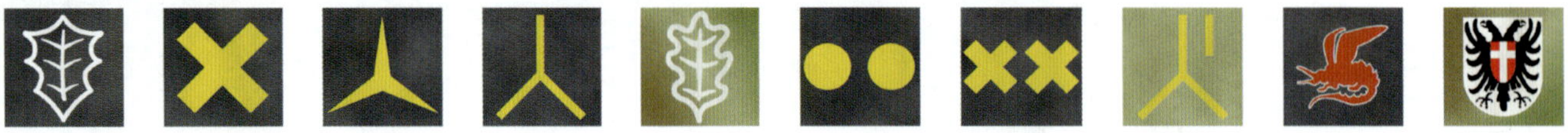

1. Pz.Div. 1940	1. Pz.Div. 2° halbjahr 1940	1. Pz.Div. Winter 1940-41	1. Pz.Div. 1941-42	1. Pz.Div. 1943-45	2. Pz.Div. 1939-40	2. Pz.Div. 2° halbjahr 1940	2. Pz.Div. 1941-43	Pz.Rgt. 3 2. Pz.Div. 1941-42	Pz.Rgt. 3 2. Pz.Div. 1943

2. Pz.Div. 1943-45	3. Pz.Div. 1939-40	3. Pz.Div. 1940-45	3. Pz.Div. Vorschriftsmäßig	3. Pz.Div. Kursk 1943	4. Pz.Div. 1939	4. Pz.Div. 1940	4. Pz.Div. 1940-43	4. Pz.Div. Kursk, 1943	4. Pz.Div. 1944-45

Pz.Rgt. 35 4. Pz.Div.	Pz.Abt.z.b.V. 40 Früling 1940	Pz.Abt.z.b.V. 40 (Neubaufahrzeug) Frühling 1940	5. Pz.Div. 1940	5. Pz.Div. 1941-45	5. Pz.Div. Variante	5. Pz.Div. Kursk, 1943	Pz.Rgt. 31 5. Pz.Div.	6. Pz.Div. 1940	Pz.Abt. 65 6. Pz.Div.

6. Pz.Div. Sep.-oct. 1941	6. Pz.Div. 1941-45	6. Pz.Div. Kursk, 1943	6. Pz.Div. Kursk, 1943	7. Pz.Div. 1940	7. Pz.Div. 1941-45	7. Pz.Div. Kursk, 1943	8. Pz.Div. 1940	8. Pz.Div. 1941-45	9. Pz.Div. 1939-40

9. Pz.Div. 1940	9. Pz.Div. Ende 1940	9. Pz.Div. 1941-45	9. Pz.Div. Zeitweise	10. Pz.Div. 1939-40	10. Pz.Div. 1940	Pz.Rgt. 8 10. Pz.Div. 1940	Pz.Rgt. 7 10. Pz.Div.	10. Pz.Div. 1941-43	11. Pz.Div. 1940-45

11. Pz.Div. Vorschriftsmäßig	11. Pz.Div. Kursk, 1943	11. Pz.Div. Kursk, 1943	12. Pz.Div. 1940-45	12. Pz.Div. Sommer 1943	13. Pz.Div. 1940-45	14. Pz.Div. 1940-45	15. Pz.Div. 1941-43	15. Pz.Div. Variante	Pz.Rgt. 8 15. Pz.Div.

Pz.Rgt. 8 Variante	DAK 1941-43	16. Pz.Div. 1940-45	16. Pz.Div. Variante	17. Pz.Div. 1940-45	Pz.Abt. 51 10. Pz.Brig. Kursk, 1943	Pz.Abt. 52 10. Pz.Brig. Kursk, 1943	18. Pz.Div. 1940-43	Pz.Rgt. 18, 1940-42 Pz.Abt. 18, 1942-43 18. Pz.Div.	19. Pz.Div. 1940-45

19. Pz.Div. Kursk, 1943	20. Pz.Div. 1940-43	20. Pz.Div. 1943-45	20. Pz.Div. Variante	Pz.Rgt. 20 20. Pz.Div.	21. Pz.Div. 1941-43	21. Pz.Div. Variante	21. Pz.Div. Sommer 1943	22. Pz.Div. 1941-43	23. Pz.Div. 1941-45

23. Pz.Div. Vorschriftsmäßig	Pz.Rgt. 201 23. Pz.Div.	24. Pz.Div. 1941	24. Pz.Div. 1941-45	24. Pz.Div. 1943-45	25. Pz.Div. 1942-45	25. Pz.Div. 1942-45	25. Pz.Div. 1945	26. Pz.Div. 1942-45	26. Pz.Div. Variante

27. Pz.Div. 1942-43	27. Pz.Div. Zeitweise	116. Pz.Div. 1944-45	Pz.Lehr- Div. 1944-45	Pz.Lehr- Div. Variante	Pz.Lehr-Rgt. 130 Pz.Lehr-Div.	II./Pz.Lehr- Rgt. 130 Pz.Lehr-Div.	Führer Be- gleit Div. 1945	Führer Gren.Div. 1945	Pz.Div. Müncheberg 1945

PANZERGRENADIERDIVISIONEN, HEER

3. Inf.Div. (mot.) Bis Januar 1943

3. Pz.Gren. Div. 1943-45

10. Pz.Gren. Div. 1943-45

15. Pz.Gren. Div. 1943-45

Pz.Gren.Rgt. 104 15. Pz.Gren.Div. 1943

Pz.Gren.Rgt. 129 15. Pz.Gren.Div. 1943

Pz.Abt. 115 15. Pz.Gren. Div. 1943

16. Inf.Div. (mot.) 1941-43

16. Pz.Gren. Div. 1943-44

18. Pz.Gren. Div. 1943-45

20. Inf.Div. (mot.) Bis Juni 1943

20. Pz.Gren. Div. 1943-45

22. Pz.Gren.Div. "Luftlande" 1943-45

25. Pz.Gren. Div. 1943-45

25. Pz.Gren. Div. Variante

29. Inf.Div. (mot.) Bis Juni 1943 29. Pz.Gren.Div. 1943-45

60. Inf.Div. (mot.) Bis Januar 1943 60. Pz.Gren.Div. 1943

Pz.Gren.Div. "FHH" 1943-45 (Pz.Div. "FHH" 1945)

Pz.Gren.Div. "FHH" (Pz.Div. "FHH") Variante

90. Pz.Gren. Div. 1943-45

Pz.Gren.Div. "Brandenburg" 1944-45

Pz.Gren.Div. "Brandenburg" Variante

Pz.Gren.Div. "Kurmak" 1945

Inf.Div. (mot.) "GD" hasta mayo 1943

Pz.Gren. Div. "Grossdeutschland" 1943-45

Pz.Gren.Div. "GD" Variante

Pz.Gren. Div. "GD" Variante

LUFTWAFFE

Brig. "HG" 1942 Div. "HG" 1942-43

Pz.Div. "HG" 1943 Fsch.Pz.Div. 1 "HG" 1944-45

Fsch.Pz.Div. 2 "HG" 1944-45

Fsch.Pz.Korps "HG" 1944-45

SCHWERE PANZERABTEILUNGEN, HEER

sch. Pz.Abt. 501 Bis Mai 1943

sch. Pz.Abt. 502

sch. Pz.Abt. 502 Seit Januar 1943

sch. Pz.Abt. 503

sch. Pz.Abt. 504

sch. Pz.Abt. 505 1943

sch. Pz.Abt. 505 1944-45

sch. Pz.Abt. 505

sch. Pz.Abt. 506 Stab

sch. Pz.Abt. 506 1. Kp.

sch. Pz.Abt. 506 2. Kp.

sch. Pz.Abt. 506 3. Kp.

sch. Pz.Abt. 507

sch. Pz.Abt. 508

sch. Pz.Abt. 509

sch. Pz.Abt. 510

sch. Pz.Abt. (Fkl) 301

III./Pz.Rgt. "Grossdeutschland"

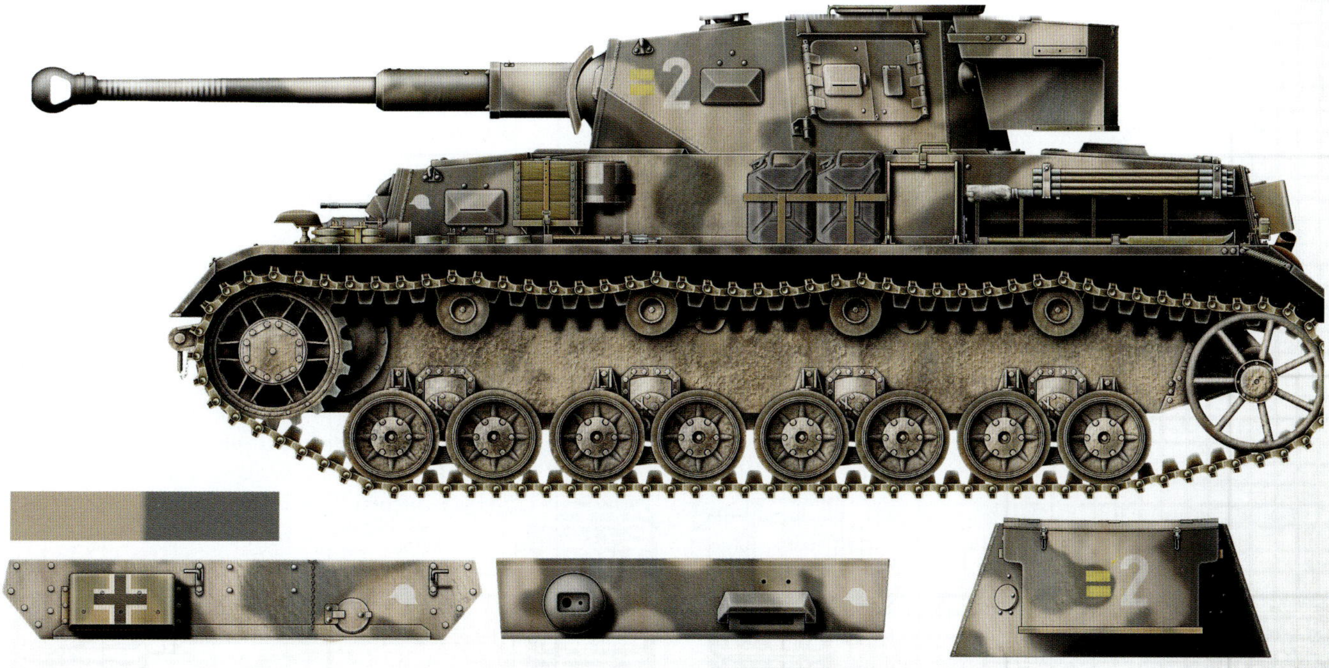

Pz. Kpfw. IV Ausf. F2 (Sd. Kfz. 161/1), Grossdeutschland Juni 1942.

Bibliografie

- RAL Deutsches Institut. Übersichtskarte RAL-F2 zum Farbregister RAL 840 HR, Muster-Schmidt KG., Göttingen, 1981.
- CHORY, Tomás: Camouflage Colors. Wehrmacht Heer, 1939-1945, Aura Design Studio, Tschechische Republik 2000.
- FORTY, George: L´Allemagne en guerre, Labodega Editions, St Sulpice, Frankreich, 2003.
- CULVER, Bruce, MURPHY, Bill und GREER, Don: Panzer Colours, Arms and Armour Press, London, 1976.
- WISE, Terence: D-Day to Berlin, Arms and Armour Press, London, 1979.
- CULVER, Bruce u. GREER, Don: Panzer Colours 2, Arms and Armour Press, London, 1978.
- CULVER, Bruce: Panzer Colours 3, Arms and Armour Press, London, 1984.
- ZALOGA, Steven J. u. GRANDSEN, James: The Eastern Front, Arms and Armour Press, London, 1983.
- ZALOGA, Steven J. u. GRANDSEN, James: Blitzkrieg Armour Camouflage and Markings, 1939-1940, Arms and Armour Press, London, 1980.
- BRANDFORD, George R.: Armour Camouflage & Markings: North Africa, 1940-1943, Arms and Armour Press, London, 1976.
- MC. NAIR, Ronald: Les Panzers. Les divisions de Panzers du Heer, Editions Heimdal, Bayeux, 1991.
- MC. NAIR, Ronald: Les Panzers (2). Les divisions de Panzers SS et les bataillons indépendants, Editions Heimdal, Bayeux, 1992.
- LEDWOCH, Janusz: Panzer II, Inter-Model, Warschau, 1992.
- RECIO CARDONA, Ricardo: Blitzkrieg, Accion Press, Madrid, 2006.
- SCHNEIDER, Wolfgang: Tigers in combat I, J.J. Fedorowicz Publishing Inc., Manitoba, Kanada, 1994.
- SCHNEIDER, Wolfgang: Tigers in combat II, J.J. Fedorowicz Publishing Inc., Manitoba, Kanada, 1998.
- RESTAYN, Jean: Tigre I sur le Front de l´Est, Histoire & Collections, París, 1999.
- RESTAYN, J. u. MOLLER, N.: Operation Citadel vol. 1: The South, Fedorowicz Publishing Inc., Manitoba, 2002.
- SPIELBERGER, Walter J. u. FEIST, Uwe.: Panzerkampfwagen V Panther, Aero Publishers, Fallbrook, USA, 1977.
- JENTZ, Thomas L. u. DOYLE, Hilary L.: Germany´s Panzers in World War II, Schiffer Military History, Atglen, USA, 2001.
- SPIELBERGER, Walter J.: Die Panzerkampfwagen I und I und ihre Abarten, Motorbuch Verlag, Stuttgart, 1991.
- SPIELBERGER, Walter J.: Der Panzerkampfwagen III und seine Abarten, Motorbuch Verlag, Stuttgart, 1990.
- SPIELBERGER, Walter J.: Der Panzerkampfwagen IV und seine Abarten, Motorbuch Verlag, Stuttgart, 1992.
- SPIELBERGER, Walter J.: Der Panzerkampfwagen Panther und seine Abarten, Motorbuch Verlag, Stuttgart, 1991.
- SPIELBERGER, Walter J.: Die Panzerkampfwagen 35(t) und 38(t) und II und ihre Abarten, Motorbuch Verlag, Stuttgart, 1990.
- GARCÍA GÁZQUEZ, Joaquín, DE DIEGO VAQUERIZO, Carlos u. BERNAL MARTÍNEZ, Andrés M.: StuG. III, Accion Press, Madrid, 2004.
- DE DIEGO VAQUERIZO, Carlos: Carros en Rusia III, Accion Press, Madrid, 2005.
- VV.AA. Panther, Sturm & Drang Nr. 5, Delta Publishing, Tokio, 1992.
- VV.AA. W.W. II German Pz.Kpfw. III, Ground Power Nr. 2, Delta Publishing, Tokio, 1994.
- VV.AA. Panzers in the Eastern Front (1)/Soviet combat weapons of W.W. II (3), Ground Power Nr. 57, Delta Publishing, Tokio, 1999.
- VV.AA. German Pz.Kpfw. I/Italian Army (1), Ground Power Nr. 71, Delta Publishing, Tokio, 2000.
- VV.AA. German Pz.Kpfw. III (1), Ground Power Nr. 4, Delta Publishing, Tokio, 2001.
- MICHULEC, Robert u. Volstad, Ronald: Waffen-SS (2) From Glory to Defeat 1943-1945, Concord Publications, Hong Kong, 1996.
- ANDERSON, Thomas u. WAI, Vincent: Panther, Armor at War Series Nr. 7006, Concord Publications, Hong Kong, 1996.
- MICHULEC, Robert u. ANDERSON, Thomas: Panzerwaffe at War (1) Nuremberg to Moscow, Armor at War Series Nr. 7013, Concord Publications, Hong Kong, 1997.
- MICHULEC, Robert u. ARKADIUSZ, Wróbel: Panzertruppen at War, Armor at War Series Nr. 7018, Concord Publications, Hong Kong, 1998.
- MICHULEC, Robert, ARKADIUSZ, Wróbel u. KLOSKI, Wojciech: Armor Battles on the Eastern Front, Armor at War Series Nr. 7020, Concord Publications, Hong Kong, 1999.
- MICHULEC, Robert u. ARKADIUSZ, Wróbel: 4. Panzer-Division on the Eastern Front (1) 1941-1943, Armor at War Series Nr. 7025, Concord Publications, Hong Kong, 1999.
- COCKLE, Tom: Panzers in Italy 1943-1945, Armor at War Series Nr. 7023, Concord Publications, Hong Kong, 2003.
- ZALOGA, Steven J.: US Tank Battles in North Africa and Italy 1943-45, Armor at War Series Nr. 7051, Concord Publications, Hong Kong, 2004.
- PERRETT, Bryan u. SMITH, David E.: The Panzerkampfwagen IV, Vanguard Nr. 21, Osprey Publishing, London, 1980.

- PERRETT, Bryan u. SMITH, David E.: The Pz.Kpfw. V Panther, Vanguard Nr. 18, Osprey Publishing, London, 1981.
- WINDROW, Martin u. HOOK, Richard: The Panzer Divisions, Men-at-arms series Nr. 24, Osprey Publishing, London, 1982.
- PERRETT, Bryan u. HADLER, Terry: German Light Panzers 1932-42, Vanguard Nr. 33, Osprey Publishing, London, 1983.
- JENTZ, Tom, Hilary, Doyle u. SARSON, Peter: Kingtiger Heavy Tank, New Vanguard Nr. 1, Osprey Military, London, 1993.
- FEIST, Uwe u. DARIO, Mike: Leichte Panzers in action, Armor Nr. 10, Squadron/Signal Publications, Michigan, 1974.
- KLIMENT, Charles K. u. DOYLE, Hilary L.: Pz.Kpfw. 38(t) in action, Armor Nr. 19, Squadron/Signal Publications, Carrollton, Texas, 1979.
- CULVER, Bruce u. GREER, Don: Pz.Kpfw. III in action, Armor Nr. 24, Squadron/Signal Publications, Carrollton, Texas, 1988.
- HJERMSTAD, Kevin: Panzer IV, the Panzerkampfwagen IV Medium Tank, 1939-1945, Squadron/Signal Publications, Carrollton, Texas, 2000.
- SCHEIBERT, Horst: Panzer 38(t), Waffen-Arsenal Nr. 23, Podzun-Verlag, Friedberg, 1976.
- SAWODNY, Wolfgang: Panzerzüge im Einsatz auf deutscher Seite 1939-1945, Waffen-Arsenal S-13, Podzun-Pallas-Verlag, Friedberg, 1992.
- SCHEIBERT, Horst: Panther im Einsatz 1943-1945, Waffen-Arsenal S-24, Podzun-Pallas-Verlag, Friedberg, 1989.
- ANDERSON, Thomas: Panther, Panzerkampfwagen V (Sd.Kfz. 171), History File Nr. 1, Auriga Publishing International, Genua, 2006.
- JENTZ, Thomas L. u. DOYLE, Hilary Louis: Panzerkampfwagen IV, Panzer Tracts Nr. 4, Darlington Publications, Maryland, 1997.
- REGENBERG, Werner u. SCHEIBERT, Horst: Captured tanks under the German flag, russian battle tanks, Schiffer Military, Schiffer Publishing, Pensilvania, 1990.
- REGENBERG, Werner: Captured American & British tanks, Schiffer Military History, Schiffer Publishing, Atglen, 1993.
- TROJCA, Waldemar: Pz.Kpfw. V Panther vol. 1, Tank Power, AJ-Press, Polen, 1999.
- TROJCA, Waldemar: Pz.Kpfw. V Panther vol. 2, Tank Power, AJ-Press, Polen, 1999.
- BITOH, Mitsuru u. TOMIOKA, Yoshikatsu: Panzerkampfwagen III, Achtung Panzer Nr. 2, Dai Nippon Kaiga, Japan, 1991.
- VV.AA: Guerra Lampo, en Storia del Nazismo, Hobby & Work Italiana Editrice, Bresso, 1998.
- VV.AA: German 38(t) Tank part 1, Allied-Axis Nr. 13, Ampersand Publishing, Florida 2004.
- KOLOMIETS, M. u. SVIRIN, M.: Kurskaya Duga, Eksprint NV, Moskau, 1998.
- GALUSHKO, A. u. KOLOMIETS, M.: Boi Za Jarkov 1942, Frontobaya Illiustratsiya, Stragiya KM, Moskau, 2000.
- KOLOMIETS, M. u. MOSHANSKI, I. B.: Oborona Kavkaza 1942, Frontobaya Illiustratsiya, Stragiya KM, Moskau, 2000.
- KOLOMIETS, M. u. MOSHANSKI, I. B.: Trofei v Krasnoi Armii 1941-1945, Frontobaya Illiustratsiya, Stragiya KM, Moskau, 2000.
- KOLOMIETS, M. u. MAKAROV, M.: Preliudiya K Barbarosse, Frontobaya Illiustratsiya, MPTR, Moskau, 2000.
- MOSHANSKI, I. B.: 1941 Taktika Tankobo Boinb, Bronenankobi Muzei, PKV, Russland 2001.
- MOSHANSKI, I. B. u. SMOLUNOV, S.: Oborona Stalingrada 1942, Boziiaya Letopis, PKV, Russland 2001.
- MOSHANSKI, I. B. u. STOYANOV, V. I.: Na Flangaj Stalingrada 1943, Boziiaya Letopis, PKV, Russland 2002.
- MOSHANSKI, I. B. u. SAVIN, A. A.: Borba Za Krim 1941-1942, Boziiaya Letopis, PKV, Russland 2002.
- CABALLERO JURADO, Carlos u. MOLINA FRANCO, Lucas: Panzer IV, el puño de la Wehrmacht, Militae Nr. 10, Quiron Ediciones, Valladolid, 2006.
- DANJOU, Pascal: SOMUA S 35, Trackstory Nr. 1, Editions du Barbotin, Saint Macaire, 2003.

Bildverzeichnis

- DE LANNOY, François: La 4. Pz.Div. dans les faubourgs de Varsovie, 39-45 Magazine Nr. 159 (sep. 1999), Editions Heimdal, Frankreich, 1999.
- VV.AA: Vehicles born from Pz. I Tank, Panzer Nr. 38 (sep. 1978), Sunday Art Publications, Tokio, 1978.
- NAKAJIMA, Hideya u. GOTO, Hitoshi: German Tanks of the Second World War, Panzer Sonderheft, Sunday Art Publications, Tokio, 1978.
- TOMIOKA, Yoshikatsu, GOTO, Hitoshi u. MIZUNO, Yasuo: German Vehicles Make up, Panzer Sonderheft, Sunday Art Publications, Tokio, 1980.
- BUFFETAUT, Yves: La guerre du desert (1), Tobrouk, Militaria Magazine Hors Serie Nr. 3, Histoire & Collections, París, 1991.
- BUFFETAUT, Yves: La guerre du desert (II), Bir Hakeim, Militaria Magazine Hors Serie Nr. 6, Histoire & Collections, París, 1992.

PANZER ACES - FARBPROFILE

Der Autor präsentiert im Detail die Farben, Tarnmuster und Abzeichen der deutschen Panzerfahrzeuge in den Jahren unmittelbar vor und vor allem während des 2. Weltkrieges. Präsentiert werden u.a. die Panzerfahrzeuge von Wehrmacht sowie ihre Abzeichen und Markierungen anhand von vielen Farbprofilen und Detailillustrationen sowie einigen zeitgenössischen Farbfotos.

Band 2: Tarnanstriche und Erkennungszeichen der deutschen Panzer 1943 - 1945

Dieser Nachfolgeband zeigt wiederum erstklassige Farbprofile von deutschen Panzerfahrzeige, darunter Tiger, Königstiger, Panther u.v.a.m. Weitere Angaben folgen in Kürze. Paperback, Querformat, durchgehend farbig illustriert. 104 Seiten.

978-3-938447-98-7 **25.95 €**

978-3-938447-59-8 **16.95 €**

978-3-938447-54-3 **16.95 €**

978-3-938447-55-0 **26,95 €**

978-3-938447-58-1 **16.95 €**

978-3-938447-63-5 **16.95 €**

978-3-938447-64-2 **16.95 €**

Zeughaus Verlag GmbH, Knesebeckstr. 88, 10623 Berlin
Tel. 030/315 700 30 ~ Email: info@zeughausverlag.de ~ www.zeughausverlag.de
Die Bücher sind im Buchhandel erhältlich.